"十三五"高等职业教育规划教材

单片机应用技术项目化教程
（C 语言版）

王建珍　主　编

盛奋华　庄乾成　副主编

聂开俊　主　审

U0316508

中国铁道出版社

CHINA RAILWAY PUBLISHING HOUSE

内 容 简 介

本书采用项目驱动的模式编写而成，以 Proteus 软件的仿真代替实物制作，把单片机应用技术知识融入于精心组织的 16 个项目中。全书分为基础篇和提高篇。基础篇为专题项目，提高篇为综合项目。基础篇包含项目 1 至项目 10，分别为点亮一个发光二极管、开关控制 LED 闪烁方式、双边拉幕灯的设计、LED 点阵屏显示字符控制、独立式按键控制数码管、2×2 矩阵键盘指示灯控制、简易水情报警器的设计、10 s 秒表的设计、数字电压表的设计、单片机与 PC 通信；提高篇包含项目 11 至项目 16，分别为汽车信号灯控制系统的设计、直流电动机转速和转向控制系统的设计、汽车车窗玻璃升降及雨刷控制系统的设计、数字钟的设计、节拍器的设计和简易计算器的设计。

本书内容翔实，项目丰富，有较强的实际应用指导价值，可作为高职院校应用电子技术、通信工程和电气自动化、机电一体化、汽车电子技术等专业单片机入门学习的教材，也可作为实训教学的指导书或电子爱好者的参考用书。

图书在版编目（CIP）数据

单片机应用技术项目化教程：C 语言版/王建珍主编 . —北京：
中国铁道出版社，2016. 12
"十三五"高等职业教育规划教材
ISBN 978-7-113-19737-7

Ⅰ. ①单… Ⅱ. 王… Ⅲ. ①单片微型计算机—C 语言—
程序设计—高等职业教育—教材 Ⅳ. ①TP368. 1②TP312. 8

中国版本图书馆 CIP 数据核字（2016）第 322630 号

书　　名：单片机应用技术项目化教程（C 语言版）
作　　者：王建珍　主编

策　　划：汪　敏　　　　　　　　　　　读者热线：(010)63550836
责任编辑：秦绪好　鲍　闻
封面设计：付　巍
封面制作：白　雪
责任校对：张玉华
责任印制：郭向伟

出版发行：中国铁道出版社（100054，北京市西城区右安门西街 8 号）
网　　址：http://www.51eds.com
印　　刷：北京尚品荣华印刷有限公司
版　　次：2016 年 12 月第 1 版　　2016 年 12 月第 1 次印刷
开　　本：787 mm×1 092 mm　1/16　印张：13　字数：309 千
书　　号：ISBN 978-7-113-19737-7
定　　价：33.00 元

　　单片机自 20 世纪 70 年代问世以来，得到了飞速的发展。单片机具有良好的控制性能，体积小，性价比高，配置形式丰富，广泛应用于智能化家用电器、通信、办公自动化、商业营销设备、机电一体化、仪器仪表、工业控制与检测、武器装备等领域。单片机课程是应用电子技术、通信工程和电气自动化、机电一体化等专业的一门重要的专业课程。

　　本书通过项目的形式，由浅入深，把单片机的基本知识点和基本技能融入于精心组织的 16 个项目中。全书分为基础篇和提高篇。基础篇包含 10 个项目，分别为点亮一个发光二极管、开关控制 LED 闪烁方式、双边拉幕灯的设计、LED 点阵屏显示字符控制、独立式按键控制数码管、2×2 矩阵键盘指示灯控制、简易水情报警器的设计、10 s 秒表的设计、数字电压表的设计、单片机与 PC 通信；提高篇包含 6 个项目，分别为汽车信号灯控制系统的设计、直流电动机转速和转向控制系统的设计、汽车车窗玻璃升降及雨刷控制系统的设计、数字钟的设计、节拍器的设计和简易计算器的设计。

　　本书具有以下特色：

　　（1）以 Proteus 软件的仿真代替实物制作，可以在原理图设计阶段对所设计的电路进行验证和调试，避免了传统电子电路设计中方案更换带来的多次重复购买元器件及制板的麻烦，可以节省很多时间和经费，提高了设计的效率和质量，还可以使学生的学习突破时间和空间的限制，可以随时方便地进行学习和开发。

　　（2）在内容组织方面，以单片机应用项目为主线，以设计工作过程为导向，通过设计不同的项目载体，将单片机技术所涉及的主要知识和技能融入于各个项目的组织结构之中。内容选择上以 "必需" 与 "够用" 为度，对知识点进行有机整合，由浅入深，循序渐进，强调实用性、可操作性和可选择性。

　　（3）在学生学习方面，按照学生的认知规律，遵循由单一到综合、由简单到复杂的原则，合理编排教材内容，尽量降低学习难度，提高学生学习兴趣。

　　本书由苏州信息职业技术学院王建珍任主编，苏州信息职业技术学院盛奋华、庄乾成任副主编。具体编写分工如下：项目一、二、三由盛奋华编写，项目四由庄乾成编写，项目五至项目十六及附录、参考文献由王建珍编写，全书由王建珍制定大纲并统稿。苏州信息职业技术学院聂开俊任主审，并对本书提出宝贵意见。在本书的编写过程中，编者参考了有关书籍，并引用了其中的一些资料，在此一并向这些作者表示感谢。

　　由于时间仓促，水平有限，疏漏和不足之处在所难免，恳请各位读者提出宝贵意见。

编　者
2016 年 9 月

目 录

上篇　基础篇

项目一　点亮一个发光二极管 ·· 2

　学习目标 ··· 2

　相关知识 ··· 2

　项目描述 ·· 11

　项目实施 ·· 11

　项目小结 ·· 22

　习题 ··· 22

项目二　开关控制 LED 闪烁方式 ·· 23

　学习目标 ·· 23

　相关知识 ·· 23

　项目描述 ·· 27

　项目实施 ·· 27

　项目小结 ·· 33

　习题 ··· 33

项目三　双边拉幕灯的设计 ··· 34

　学习目标 ·· 34

　相关知识 ·· 34

　项目描述 ·· 38

　项目实施 ·· 38

　项目小结 ·· 44

　习题 ··· 44

项目四　LED 点阵屏显示字符控制 ··· 45

　学习目标 ·· 45

　相关知识 ·· 45

　项目描述 ·· 47

　项目实施 ·· 47

　项目小结 ·· 51

　习题 ··· 51

项目五 独立式按键控制数码管 ……………………………………………… 52

学习目标 ……………………………………………………………… 52

相关知识 ……………………………………………………………… 52

项目描述 ……………………………………………………………… 55

项目实施 ……………………………………………………………… 55

项目小结 ……………………………………………………………… 60

习题 ……………………………………………………………………… 60

项目六 2×2矩阵键盘指示灯控制 ………………………………………… 61

学习目标 ……………………………………………………………… 61

相关知识 ……………………………………………………………… 61

项目描述 ……………………………………………………………… 62

项目实施 ……………………………………………………………… 62

项目小结 ……………………………………………………………… 68

习题 ……………………………………………………………………… 68

项目七 简易水情报警器的设计 …………………………………………… 69

学习目标 ……………………………………………………………… 69

相关知识 ……………………………………………………………… 69

项目描述 ……………………………………………………………… 72

项目实施 ……………………………………………………………… 73

项目小结 ……………………………………………………………… 78

习题 ……………………………………………………………………… 78

项目八 10 s秒表的设计 …………………………………………………… 79

学习目标 ……………………………………………………………… 79

相关知识 ……………………………………………………………… 79

项目描述 ……………………………………………………………… 84

项目实施 ……………………………………………………………… 84

项目小结 ……………………………………………………………… 88

习题 ……………………………………………………………………… 88

项目九 数字电压表的设计 ………………………………………………… 90

学习目标 ……………………………………………………………… 90

相关知识 ……………………………………………………………… 90

项目描述 ……………………………………………………………… 91

项目实施 ……………………………………………………………… 92

项目小结 ……………………………………………………………… 97

习题 ……………………………………………………………………… 97

项目十 单片机与PC通信 ………………………………………………… 98

学习目标 ……………………………………………………………… 98

相关知识 ··· 98
项目描述 ··· 102
项目实施 ··· 102
项目小结 ··· 106
习题 ··· 106

下篇　提高篇

项目十一 汽车信号灯控制系统的设计 ················· 109

学习目标 ··· 109
相关知识 ··· 109
项目描述 ··· 109
项目实施 ··· 109
项目小结 ··· 116
习题 ··· 116

项目十二 直流电动机转速和转向控制系统的设计 ················· 117

学习目标 ··· 117
相关知识 ··· 117
项目描述 ··· 119
项目实施 ··· 120
项目小结 ··· 126
习题 ··· 126

项目十三 汽车车窗玻璃升降及雨刷控制系统的设计 ················· 127

学习目标 ··· 127
相关知识 ··· 127
项目描述 ··· 127
项目实施 ··· 127
项目小结 ··· 134
习题 ··· 134

项目十四 数字钟的设计 ················· 135

学习目标 ··· 135
相关知识 ··· 135
项目描述 ··· 135
项目实施 ··· 135
项目小结 ··· 143
习题 ··· 143

项目十五 节拍器的设计 ················· 144

学习目标 ··· 144

相关知识 ………………………………………………………… 144

项目描述 ………………………………………………………… 146

项目实施 ………………………………………………………… 146

项目小结 ………………………………………………………… 155

习题 ……………………………………………………………… 157

项目十六 简易计算器的设计 …………………………………………… 158

学习目标 ………………………………………………………… 158

相关知识 ………………………………………………………… 158

项目描述 ………………………………………………………… 162

项目实施 ………………………………………………………… 163

项目小结 ………………………………………………………… 173

习题 ……………………………………………………………… 173

附录A Proteus 软件和 Keil 软件的安装 …………………………… 174

附录B 数制与码制 …………………………………………………… 188

附录C Proteus 中常用元器件符号表 ……………………………… 194

参考文献 …………………………………………………………… 198

上篇

基 础 篇

项目一

点亮一个发光二极管

学习目标

(1) 了解单片机的概念、特点及引脚功能；

(2) 了解 Keil 与 Proteus 软件的功能；

(3) 掌握仿真电路图的绘制方法；

(4) 掌握 Keil 软件的使用；

(5) 理解单片机最小系统的功能。

相关知识

一、单片机概述

1. 单片机简介

单片机是一种集成电路芯片，是采用超大规模集成电路技术把具有数据处理能力的中央处理器（CPU）、随机存储器（RAM）、只读存储器（ROM）、多种 I/O 口和中断系统、定时器/计数器等（可能还包括显示驱动电路、脉宽调制电路、模拟多路转换器、A/D 转换器等电路）集成到一块芯片上构成的一个小而完善的微型计算机系统。图 1-1 所示为几种常见的单片机。

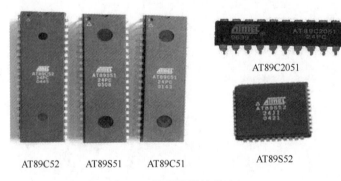

AT89C52　　AT89S51　　AT89C51　　　　AT89S52

图 1-1　几种常见的单片机

自 20 世纪 70 年代单片机诞生以来，世界各大半导体公司推出了几十个系列几百种单片机产品，单片机经历了 4 位、8 位、16 位和 32 位四个阶段，其中 4 位单片机仅用在功能较单一

的系统中,8 位、16 位和 32 位是市场主流。随着科学技术的发展,单片机功能越来越强,集成度越来越高,应用越来越广,经过 40 多年的迅速发展,其产品已经形成了多公司、多系列、多型号的局面。在国际上影响较大的 8 位单片机生产厂家和主要产品如表 1-1 所示。

表 1-1　当前世界 8 位单片机的生产厂家和型号

公　　司	典型产品系列
Intel(美国英特尔)公司	MCS-51 及其增强型系列
Atmel(美国爱特梅尔)公司	与 MCS 系列兼容的 51 系列
Mortorola(摩托罗拉)公司	6801 系列和 6805 系列
Philips(荷兰飞利浦)公司	8XC552 及 89X 系列
Microchip(美国微心)公司	PIC165X 系列
ZiLong(美国齐洛格)公司	Z8 系列及 SUPER8 系列
Fairchild(美国仙童)公司	F8 系列和 3870 系列
Rockwell(美国洛克威尔)公司	6500/I 系列
TI(美国得克萨斯仪器仪表)公司	TMS7000 系列
NS(美国国家半导体)公司	NS8070 系列
RCA(美国无线电)公司	CDP1800 系列

MCS-51 系列产品以其优良的性价比,成为我国广大科技人员的首选,本教材主要介绍此系列单片机及与其兼容的单片机。

2. 单片机的特点

单片机是集成电路与微型计算机技术高速发展的产物。单片机体积小、价格低、使用方便、稳定可靠。单片机的发展普及给工业自动化等领域带来了一场重大革命和技术进步。单片机很容易嵌入系统中,便于实现各种方式的检测或控制,这是一般微型计算机根本做不到的。单片机只要适当增加一些必要的外围电路,就可以灵活地构成各种应用系统,如工业自动控制系统、自动检测监视系统、数据采集系统、智能仪器仪表等。

为什么单片机应用如此广泛?主要在于单片机系统具有以下优点:

(1)简单方便,易于掌握和普及。单片机应用系统设计、组装、调试是一件容易的事情,广大工程人员通过学习可很快掌握其应用设计与调试技术。

(2)功能齐全,应用可靠,抗干扰能力强。

(3)发展迅速,前景广阔。在短短几十年里,单片机就经过了 4 位机、8 位机、16 位机、32 位机等几大发展阶段。尤其是形式多样、集成度高、功能日臻完善的单片机不断问世,更使得单片机在工业控制及自动化领域获得了长足发展和大量应用。近些年来,单片机内部结构更加完美,配套的片内外围功能部件越来越完善,一个芯片就是一个应用系统,为应用系统向更高层次和更大规模的发展奠定了坚实的基础。

(4)嵌入容易,用途广泛。单片机体积小、性价比高、灵活性强等特点在嵌入式微控制系统中具有十分重要的地位。在单片机问世以前,人们要想制作一套测控系统,往往采用大量的模拟电路、数字电路、分立元器件来完成,系统体积庞大,且因为线路复杂,连接点太多,极易出现故障。单片机问世后,电路组成和控制方式发生了很大变化。在单片机应用系统中,各种测控功能的实现绝大部分都已由单片机的程序来完成，其他电子线路则由片内的外围功能部件来替代。

由于单片机具有良好的控制性能、体积小、性价比高、配置形式丰富、广泛应用于智能化家用电器、通信、办公自动化、商业营销设备、机电一体化、仪器仪表、工业控制与检测、武器装备等领域。

3. 80C51 系列单片机

80C51 单片机属于 Intel 公司 MCS-51 系列单片机。MCS-51 系列单片机最初是 HMOS 制造工艺，其芯片根据片内 ROM 结构可分为 8031（片内无 ROM）、8051（片内有 4 KB 掩模 ROM）、8751（片内有 4 KB EPROM），统称为 51 子系列单片机。其后又有增强型 52 子系列单片机，包括 8032、8052、8752 等。

HMOS 工艺的缺点是功率较大，随着 CMOS 工艺的发展，Intel 公司生产了 CHMOS 工艺的 80C51 芯片，大大降低了功耗，并引入了低功耗管理模式，使低功耗具有可控性。CHMOS 工艺的 80C51 芯片，根据片内 ROM 结构，也有 80C31、80C51、87C51 三种类型，引脚与 51 系列兼容，指令相同。

随后，Intel 公司将 80C51 内核使用权以专利互换或出售的形式转让给世界许多著名 IC 制造厂商，如 Philips、EC、Atmel、AMD、Dallas、Siemens、Fujitsu、OKI、华邦、LG 等。在保持与 80C51 单片机兼容的基础上，这些公司又融入了自身的优势，扩展了针对不同测控对象的外围电路，如满足模拟量输入的 A/D、满足伺服驱动的 PWM、满足高速输入输出的 HSI/HSO、满足串行扩展要求的串行扩展总线 I^2C、保证程序可靠运行的 WDT、引入使用方便且价廉的 Flash ROM 等，开发出上百种功能各异的新品种。这样，80C51 系列单片机就变成了有众多芯片制造厂商支持的大家庭。

4. 单片机的引脚功能

MCS-51 系列单片机是美国 Intel 公司生产的 8 位字长单片机，在我国应用非常广泛。MCS-51 系列单片机常采用 40 个引脚双列直插封装，其引脚排列和功能如图 1-2 所示。（以 Atmel 公司生产的 AT89C51 为例）

（1）电源引脚 VCC 和 VSS

①VCC（40 脚）：电源端，正常工作时为+5 V。

②VSS（20 脚）：接地端。

（2）时钟电路引脚 XTAL1 和 XTAL2

XTAL1（19 脚）和 XTAL2（18 脚）分别为内部振荡电路反相放大器的输入端和输出端，这两个引脚外接石英晶体和微调电容，可为内部时钟电路提供振荡脉冲信号，以产生单片机有序工作所需要的时钟节拍。

（3）控制信号引脚 RST/VPD、$\overline{ALE}/\overline{PROG}$、$\overline{PSEN}$ 和 $\overline{EA}/VPP$

①RST/VPD（9 脚）：复位信号/备用电源输入引脚。

当此引脚保持 2 个机器周期（24 个时钟周期）的高电平后，就可使单片机完成复位操作。复位方式可以是自动复位，也可以是手动复位。

RST 引脚的第二功能是 VPD，即备用电源输入端。当主电源 VCC 发生断电或电压降到一定值时，备用电源通过 VPD 给内部 RAM 供电，以保证数据不丢失。

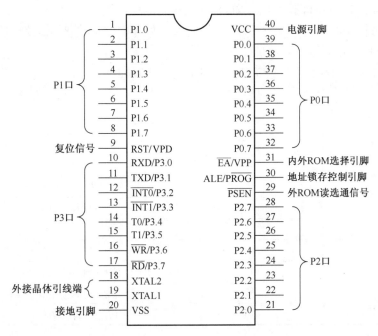

图 1-2 AT89C51 单片机的引脚排列和功能

②ALE/$\overline{PROG}$(30 脚):地址锁存允许信号输出/编程脉冲输入引脚。

当 CPU 访问片外存储器时,ALE 输出信号控制锁存 P0 口输出低 8 位地址,从而实现 P0 口数据与低位地址的分时复用。

当访问内部程序存储器时,ALE 端将输出 1/6 时钟频率的正脉冲信号。这个信号可以用于识别单片机是否工作,也可当作一个时钟向外输出,每次有效对应一次读指令操作。

此引脚第二功能$\overline{PROG}$是当片内带有可编程 ROM 的单片机编程写入时,作为编程脉冲的输入端。

③$\overline{PSEN}$(29 脚):片外 ROM 读选通信号端。当访问外部程序存储器时,此引脚输出负脉冲选通信号,16 位地址数据将出现在 P0 和 P2 口上,外部程序存储器则把指令数据放到 P0 口上,由 CPU 读入并执行。

④ $\overline{EA}$/VPP(31 脚):$\overline{EA}$为外部程序存储器访问允许信号端。当 EA 引脚接高电平时,CPU 先访问片内 ROM 并执行片内 ROM 指令,一旦地址超出片内 ROM 的范围,就访问片外 ROM。当$\overline{EA}$引脚接低电平时,CPU 只访问外部 ROM 并执行外部 ROM 指令。该引脚第二功能 VPP 作为 8751EPROM 的 21V 编程电源输入端。

(4)I/O 端口 P0、P1、P2 和 P3 口

①P0.0 ~ P0.7(39 ~ 32 脚):P0 口的 8 位双向 I/O 口线。

P0 口可作为通用双向 I/O 口。在外接数据、程序存储器时,可作为低 8 位地址/数据总线复用引脚。

②P1.0 ~ P1.7(1 ~ 8 脚):P1 口的 8 位准双向 I/O 口线。

P1 口作为通用的 I/O 口使用。

③P2.0~P2.7(21~28 脚)：P2 口的 8 位准双向 I/O 口线。

P2 口既可作为通用的 I/O 口使用，也可作为片外存储器的高 8 位地址总线，与 P0 口配合，组成 16 位片外存储器单元地址。

④P3.0~P3.7(10~17 脚)：P3 口的 8 位准双向 I/O 口线。

P3 口除了作为通用的 I/O 口使用之外，每个引脚还具有第二功能，如表 1-2 所示。

表 1-2　P3 口各引脚第二功能

口　　线	引　　脚	功　　能
P3.0	10	RXD(串行输入口)
P3.1	11	TXD(串行输出口)
P3.2	12	$\overline{\text{INT0}}$(外部中断 0)
P3.3	13	$\overline{\text{INT1}}$(外部中断 1)
P3.4	14	T0(定时/计数器 0 外部输入)
P3.5	15	T1(定时/计数器 1 外部输入)
P3.6	16	$\overline{\text{WR}}$(外部数据存储器写脉冲)
P3.7	17	$\overline{\text{RD}}$(外部数据存储器读脉冲)

二、单片机最小系统

单片机最小系统，又称单片机最小应用系统，是指用最少的元器件组成的单片机可以工作的系统。对 51 系列单片机而言，单片机最小系统包括电源模块、单片机、时钟电路和复位电路。

1. 电源模块

为了保证单片机能在各种环境下正常工作，51 系列单片机电源供电范围比较宽，一般为 5×(1±20%)V，通常给单片机外接+5 V 直流电源，其最高供电电压应不超过 6.6 V，根据应用环境的不同，其电源选择也有不同，如电池供电、USB 供电、220 V 电压经过变压器直流稳压后供电等。连接方式为 VCC(第 40 脚)接+5 V、VSS 接电源地，如图 1-3 所示。

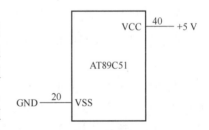

图 1-3　单片机电源接线示意图

2. 时钟电路

时钟电路用于产生单片机工作所需要的时钟信号，为了使单片机内部各硬件单元能协调运行，内部电路应在唯一的时钟信号控制下严格地按照时序进行工作。

MCS-51 系列单片机时钟信号的提供方式有两种：内部方式和外部方式

(1)内部振荡方式：如图 1-4(a)所示，使用内部振荡器，这时只要在 XTAL1(19 脚)引脚和 XTAL2(18 脚)引脚之间外接石英振荡器和起振微调电容器，使内部时钟信号频率与晶振振荡频率一致。XTAL1 是单片机内部反相放大器的输入端，这个放大器构成了片内振荡器。输出端为引脚 XTAL2，在芯片的外部通过这两个引脚接晶体振荡器和微调电容器，形成反馈电路，构成稳定的自激振荡器。两电容器一般选用陶瓷电容器，容量取 18~47pF，典型值可取 47pF。晶振振荡器频率 f_{osc} 的选择范围为 1.2~12 MHz，一般常选用 6 MHz、11.0592 MHz 和 12 MHz。

（2）外部方式：外部已有时钟信号引入单片机。对于 HMOS 芯片，XTAL1 接地，XTAL2 接外部时钟信号，如图 1-4(b) 所示。对于 CHMOS 芯片，XTAL1 接外部时钟信号，而 XTAL2 悬空，如图 1-4(c) 所示。

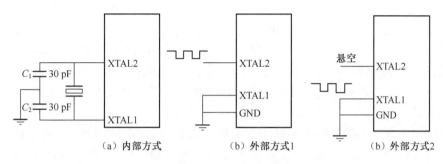

（a）内部方式   （b）外部方式1   （b）外部方式2

图 1-4　MCS-51 系列单片机时钟电路

晶体振荡器的频率越高，振荡频率就越高，振荡电路产生的振荡脉冲并不是时钟信号，而是经过二分频后才作为系统时钟信号。如图 1-5 所示，在二分频的基础上再三分频产生 ALE 信号（ALE 是以晶振 1/6 的固有频率输出的正脉冲），在二分频的基础上再六分频得到机器周期信号。

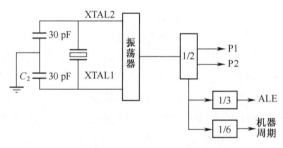

图 1-5　单片机时钟电路框图

3. 几个概念

（1）时钟周期

时钟周期也称为振荡周期，定义为时钟脉冲的倒数，它是计算机中最基本的、最小的时间单位。时钟周期就是单片机外接晶振的倒数，例如 12 MHz 的晶振，它的时间周期就是 1/12 μs。

（2）状态周期

状态周期是将时钟脉冲二分频后的脉冲信号。状态周期是时钟周期的 2 倍。状态周期又称 S 周期。在 S 周期内有两个时钟周期，即分为两拍，分别称为 P1 和 P2。

（3）机器周期

机器周期是 MCS-51 单片机工作的基本定时单位，简称机周。机器周期与时钟周期有着固定的倍数关系。机器周期是时钟周期的 12 倍。当时钟频率为 12 MHz 时，机器周期为 $(1/10^6)$s = 1 μs；当时钟频率为 6 MHz 时，机器周期为 2 μs。12 MHz 和 6 MHz 时钟频率是 51

单片机常用的两个频率，因此，采用这两个频率的晶振时，机器周期 1 μs 与 2 μs 就是一个重要的数据，应该记住。

（4）指令周期

指令周期是指执行 1 条指令所需要的时间，一般由若干个机器周期组成。指令不同，所需的机器周期数也不同，有单周期指令、双周期指令和四周期指令。

（5）指令字节

指令字节即指令所占用存储空间的长度，MCS-51 系列是 8 位单片机，片内 RAM、寄存器、片外 ROM、RAM 均为 8 位，每字节只能存入 8 位二进制数，而指令最终要编译成二进制机器码表示，往往 1 字节装不下，需要 1~3 字节才能容纳，这就是指令占用的存储空间的长度。指令长度单位用字节表示，MCS-51 单片机系统的指令长度分为三类：单字节指令、双字节指令和三字节指令。

指令字节和指令周期是用来衡量指令参数的两个完全不同的概念，二者是指令在空间与时间上的关系，前者表示一条指令在 ROM 中所占用的存储空间，而后者则是 CPU 在执行完一条指令时所占用的时间。

4. 单片机的复位电路

上电瞬间由于单片机供电不够稳定，会造成单片机内部各功能部件初始状态和程序运行状态的不稳定，从而使系统出现意想不到的情况，因此单片机运行需要专门的复位电路。另外，在单片机工作过程中，如果单片机程序运行出错或其他原因使系统处于死机状态，也必须进行复位，使系统重新启动。因此复位是单片机的初始化操作，使 CPU 和系统中各部件处于一个确定的初始状态，并从这个状态开始运行工作。

复位是一个很重要的操作方式，但单片机不能自动进行复位，必须配合相应的外部电路才能实现。在时钟电路工作后，只要在单片机的 RST 引脚上出现 24 个时钟振荡脉冲时间（2 个机器周期）以上的高电平，单片机便实现初始化复位。为了保证应用系统可靠地复位，在设计复位电路时，通常使 RST 引脚保持 10 ms 以上的高电平。只要 RST 保持高电平，MCS-51 单片机就循环复位，因此，单片机成功复位后要及时撤销复位信号。单片机执行一次复位后，内部数据存储器（RAM）中数据保持不变，程序计数器 PC 初始化为 0000H，使单片机从 ROM 中地址为 0000H 单元开始运行，其他内部各寄存器状态如表 1-3 所示。

表 1-3　内部特殊功能寄存器初始值

特殊功能寄存器	初始状态	特殊功能寄存器	初始状态
PC	0000H	TMOD	00H
ACC	00H	TCON	00H
B	00H	THO	00H
PSW	00H	TLO	00H
SP	07H	TH1	00H
DPTR	0000H	TL1	00H
P0~P3	FFH	SBUF	随机
IP	XXX0000000B	SCON	00H
IE	0XX0000000B	PCON	0XXXXXXXB

单片机复位有上电自动复位电路和按键手动复位电路两种,如图1-6所示。上电自动复位是利用复位电路电容充放电来实现的;而按键手动复位是通过RST端经电阻R与+5V电源接通而实现的。它兼有自动复位功能。

电路中的R和C组成典型的充放电电路,充放电时间$T=\dfrac{1}{RC}$。根据理论计算结果可知,选择时钟频率为12 MHz时,一个机器周期1 μs,只要$T>2$ μs就可以可靠复位。因此当选择$R=1$ kΩ时,只要$C>0.002$ μF即可。但实际电路中,电容的充放电都会有一段时间延时,一般选择$R=1$ kΩ,或10 kΩ,$C=22$ μF。

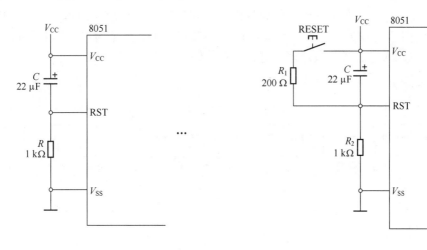

（a）上电自动复位　　　　　　　　　　　（b）按键手动复位

图1-6　MCS-51单片机复位电路

三、发光二极管控制原理

发光二极管(LED)是一种固体光源,如图1-7所示,当它两端加上正向电压,半导体中的少数载流子和多数载流子发生复合,放出的过剩能量将引起光子发射。采用不同的材料,可制成不同颜色的发光二极管。

（a）实物图　　　（b）符号图

图1-7　常用发光二极管实物及符号图

发光二极管的正向伏安特性很陡,使用时必须串联限流电阻器以控制通过发光二极管的电流。限流电阻R可用下式计算:

$$R=\frac{E-U_F}{I_F}$$

式中,E为电源电压;U_F为LED的正向压降;I_F为LED一般工作电流,普通发光二极管的正向压降和工作电流根据发光二极管的大小和颜色不同而不同。一般来说,红绿LED正向压降为1.8~2.4 V,蓝白LED为2.8~4.2 V。3 mm LED额定电流为1~10 mA,5 mm LED额定电流为5~25 mA,10 mm LED额定电流为25~100 mA。其与单片机常用控制如图1-8所示。如要使LED点亮,则需选择合适的电阻值,并使P1.0引脚输出低电平"0";如要LED熄灭,则由 P1.0 输出高电平（当然这里 P1.0 口也可以换成其他的 I/O 口）。如要 LED 出现闪烁效果，则需控制 LED 亮、灭两种状态交替出现，闪烁的速度，则由 LED 亮和灭状态各自维持时间来决定。

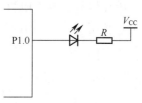

图 1-8 发光二极管单片机控制示意图

四、单片机系统的组成

一个完整的单片机系统由两大部分组成：硬件部分和软件部分。硬件是组成单片机系统的物理实体，软件则是对硬件使用和管理的程序。单片机系统的硬件由单片机芯片和外围设备组成。而单片机芯片则包含中央微处理器（CPU）、数据存储器（RAM）、程序存储器（ROM）、定时/计数器及外围电路。单片机各组成单元通过总线与微处理器进行信息传输。如图 1-9 所示。

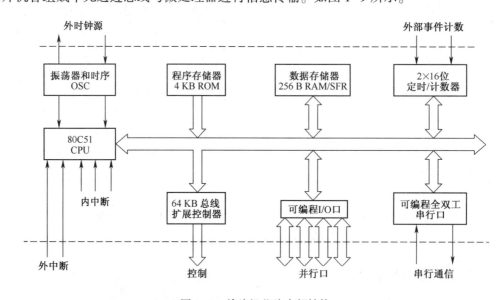

图 1-9 单片机芯片内部结构

五、单片机系统的软件

单片机系统开发中除必要的硬件外，还离不开软件，即程序。

单片机程序设计语言可分为三类：机器语言、汇编语言和高级语言。

1. 机器语言

机器语言是计算机可以识别和直接执行的语言，它由一组二进制代码组成，不同的处理器机器语言一般也不同。用机器语言编写程序，直观性差，可读性差，麻烦费时，容易出错，实际上不可行。

2. 汇编语言

汇编语言是用助记符替代机器语言中的操作码，用十六进制数代替二进制代码。这种语言比较直观，易于记忆和检查，可读性较好。但是计算机执行时，必须将汇编语言翻译成机器语言。翻译的方法有两种，一种是手工编译，即由编程者查阅指令表或凭记忆来完成这一工作;另一种是机器编译,即应用专门的汇编软件自动将汇编语言转换成机器语言。一般来说,由于机器编译方便快捷,已很少有人采用手工编译了。汇编语言与机器语言一样,随处理器不同而不同,即不同的处理器有不同的汇编语言。

3. 高级语言

高级语言是采用类似自然语言并与具体计算机类型基本无关的程序设计语言。高级语言克服了汇编语言的缺点,更直观,更便于阅读,且不随处理器不同而不同。高级语言编写的程序必须经过编译程序翻译成机器语言,才能被计算机执行。目前适用于 MCS-51 系列单片机的高级语言有 Basic、C、PL/M 等。本教材采用 C 语言。

单片机并不能识别 C 语言源程序,它只能识别机器语言,所以必须把 C 语言源程序编译为单片机可以识别的机器语言。用于 MCS-51 单片机的编译软件有早期的 A51,随着单片机开发技术的不断发展,从普遍使用汇编语言到逐渐使用高级语言开发,单片机的开发软件也在不断发展,Keil 软件是目前最流行开发 MCS-51 系列单片机的编译软件。

项目描述

把一个发光二极管接于单片机的一个 I/O 口,当上电后,点亮这个发光二极管。

项目实施

一、Proteus 的使用

Proteus 是世界上著名的 EDA 工具(仿真软件),它不仅可将许多单片机实例功能形象化,也可将许多单片机实例运行过程形象化。前者可在一定程度上得到实物演示实验的效果,后者则可实现实物演示实验难以达到的效果。其元器件、连接线路等和传统的单片机实验硬件高度对应。这在一定程度上替代了传统的单片机实验教学的功能。例如:元器件选择、电路连接、电路检测、电路修改、软件调试、运行结果等。

Proteus 软件包括 ISIS(Intelligent Schematic Input System)和 ARES(Advanced Routing and Editing Software)两部分,前者的主要功能是原理图设计和交互仿真,后者的主要功能是 PCB设计及生成 PCB 文件。下面介绍 Proteus ISIS 的使用。

1. Proteus ISIS 的打开

打开方式有两种,一是单击左下方的"开始"→程序→"Proteus 7 Professional"→"ISIS 7 Professional"命令,二是用鼠标双击桌面上的 Proteus ISIS 图标(Proteus 软件安装好后不会自动在桌面上创建快捷方式,需先手工创建)。打开后先出现图 1-10 所示界面,随后就进入图 1-11所示集成环境。

2. 界面介绍

Proteus 工作界面也是一种标准的 Windows 界面,如图 1-11 所示,它由标题栏、菜单栏、标准工具栏、绘图工具栏、对象选择按钮、对象选择器窗口、浏览对象方位控制按钮、图形编辑窗口和浏览窗口等。

3. Proteus ISIS 原理图设计

(1)新建设计文件

图 1-10　启动界面

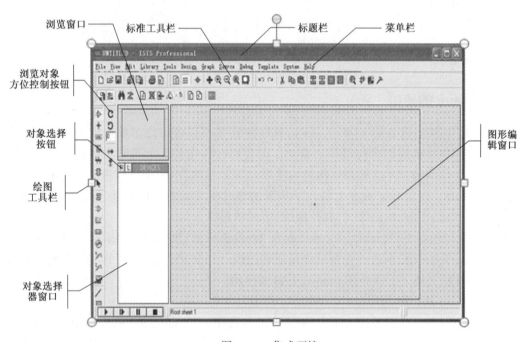

图 1-11　集成环境

单击"File"→"New Design…"命令，打开图 1-12 所示的对话框，单击"OK"按钮。

（2）保存设计文件

至此，该文件是以其默认的名字"UNTITLED"命名的，需保存为自己的文件名。方法是单击"File"→"Save Design"或"Save Design As…"命令，选择保存路径，输入文件名，如"点亮一个发光二极管"，文件类型默认为 DSN，无须更改。再单击"保存"按钮。以后如还想改成其他的文件名或路径，则单击"File"→"Save Design As…"命令。

（3）添加元器件

单击"Library"菜单下的"Pick Device/Sysmbo…"命令，弹出图 1-13 所示的对话框，在这

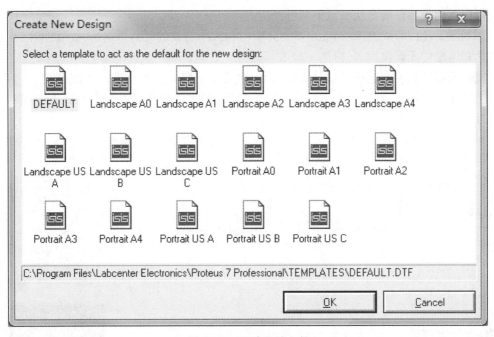

图 1-12　新建设计文件

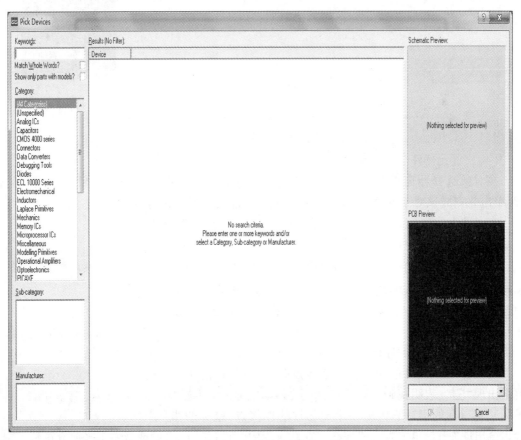

图 1-13　添加元器件

个窗口中添加元器件的方法有以下两种。

①如图 1-14 所示，在 Keywords 下的方框内输入所需要的元器件名称，如 AT89C51，则出现与之相匹配的元器件列表，再进一步进行选择。

②在元器件列表中选择元器件所属大类，然后在元器件大类中选择所属子类，当对元器件的制造商有要求时，在制造商区域选择需要的厂商，即可在元器件列表区域得到相对应的元器件。

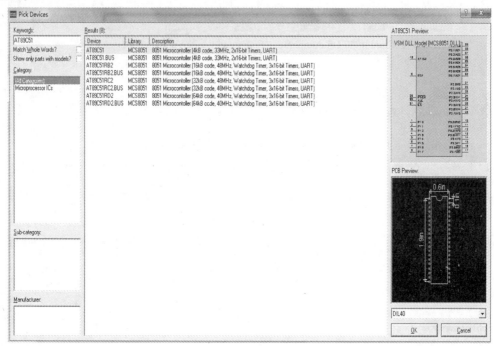

图 1-14　选择元器件

（4）放置元器件至图形编辑窗口

在对象选择器窗口中，选中 AT89C51，将鼠标置于图形编辑窗口该对象的欲放置的位置，单击并完成该对象的放置。同理，将其他元器件放于图形编辑窗口。

在元件上右击，选择相应菜单，可以进行旋转、水平翻转、垂直翻转。

（5）放置终端（电源、地）

放置电源操作：单击工具栏中的终端接口按钮 在对象选择器窗格中选择 POWER，如图 1-15 所示，再在图形编辑区中选择放置电源的位置以完成操作。放置地（GROUND）的操作与此类似。

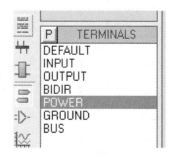

图 1-15　放置电源

（6）元器件之间的连接

当鼠标的指针靠近元器件的连接点时，跟着鼠标的指针就会出现"□"，表明找到了连接点，单击，移动鼠标（不用拖动鼠标），将鼠标的指针靠近另一个元器件的连接点，鼠标的指针也会出现"□"，单击以完成连线。在此过程中，可以按【Esc】键或者右击来放弃画线。

（7）修改、设置元器件的属性

双击元器件，即可以修改、设置元器件的属性。至此得到图 1-16 所示的仿真电路。

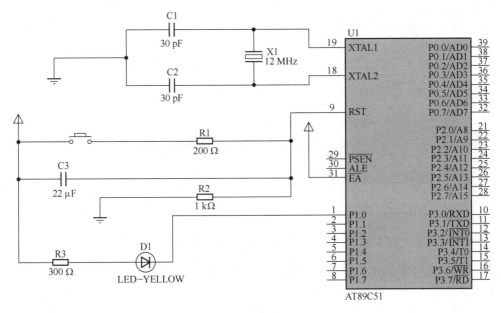

图 1-16　仿真电路

二、keil 软件的使用

Keil 是一个由德国 Keil Software 公司开发的，其基于 Windows 开发平台，是目前最流行的 MCS-51 系列单片机的开发软件，既支持汇编语言程序设计，也支持 C 语言程序设计。

Keil 具有编辑、编译器、宏汇编、连接器、库管理和仿真调试器等强大功能，其内置仿真器，可模拟单片机，包括指令集、片上外围设备及外部信号等。同时又有逻辑分析器，对于单片机 I/O 引脚和外设状况变化下的程序变量可加以监控。

1. 启动 Keil

有两种方法：一是双击桌面上的 Keil μVision4 图标；二是单击桌面左下方的"开始""所有程序"→"Keil μvision4 命令"。

2. Keil μVision4 的界面

Keil μVision4 的主界面由菜单栏、工具栏、工程窗口、编辑窗口和输出窗口等组成，如图 1-17 所示。

菜单栏：含有 File、Edit、Project 等 11 个子菜单，每个子菜单下有相应的下拉菜单。其主要功能有文件操作、编辑操作、项目保存、外部程序执行、开发工具选项、设置窗口选择及操作、在线帮助等功能。

工具栏：包含若干个工具按钮。

工程窗口：管理工程项目文件的窗口。

编辑窗口：程序在此编辑。

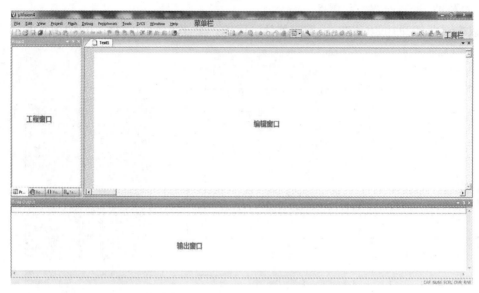

图 1-17　Keil μVision4 的界面

输出窗口:编译时如果出错,错误信息显示在此窗口。

3. 新建工程

Keil 软件以工程的形式管理文件,所有相关的文件置于同一工程中,一个工程类似于一个文件夹。

单击 Project 菜单下的"New Project…"命令,弹出图 1-18 所示窗口,选择工程路径,保存类型默认,输入工程文件名,如 test1,单击"保存"按钮。

图 1-18　新建工程

4. 选择单片机型号

如图 1-19 所示,在弹出的对话框中选择单片机型号,本教材采用的单片机为 MCS-51 系列及其兼容型单片机,在数据库目录列表中选择"Atmel",展开后再单击"AT89C51",在右侧会看到该型号单片机的简介。单击"OK"按钮。

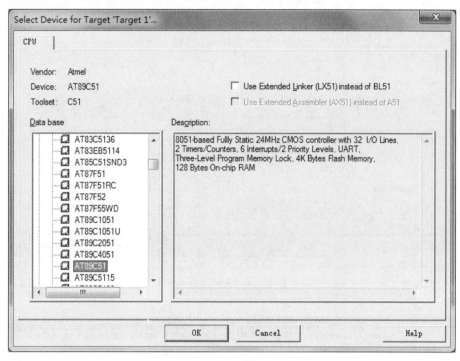

图 1-19　选择单片机型号

单击"OK"按钮后,弹出图 1-20 所示对话框,询问是否把 8051 的启动代码文件复制到工程里,该文件是 Keil C 较高级的配置文件,初学者可以忽略它,单击"否"按钮即可。

图 1-20　询问启动代码文件是否拷贝到工程里

5. 属性设置

单击"Project"→"Options for Target 'target 1'"命令,出现图 1-21 所示窗口,单击"Target"按钮,在晶体 Xtal(MHz)栏中把晶体的频率设置为 12.0,然后单击"Output"按钮,如图 1-22 所示,在"Create HEX File"前打上钩,表示当编译成功后允许生成.HEX 文件,其他采用默认设置,单击"OK"按钮。

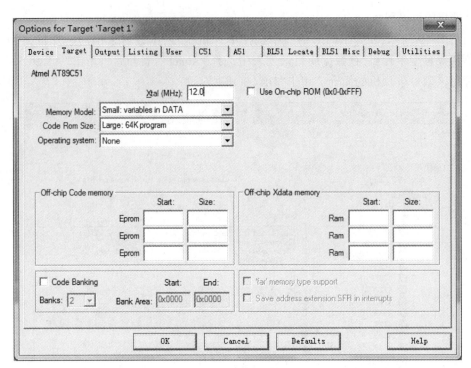

图 1-21　属性设置一

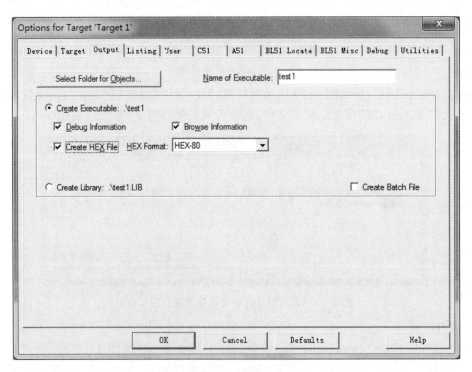

图 1-22　属性设置二

6. 新建源程序文件

单击"File"→"New"命令。

7. 保存和编辑源程序文件

刚新建的文件名默认为 Text1,格式默认为 plg,如果是用 C 语言编写的程序,则应保存为 .C 格式,如果是用汇编语言编写的程序,则应保存为 .asm 格式,方法是单击"File"→"Save"命令。选择保存目录,输入文件名,如 LED1.C,注意输入时一定要指明扩展名,如图 1-23 所示。

图 1-23　保存源程序文件

此时,该文件是一个空文件,可以在里面输入和编辑源程序,编辑完毕再保存。源程序如下:

```
/****点亮一个发光二极管****/
#include<reg51.h>
sbit LED=P1^0;
/*******主程序*******/
void main()
{
while(1)
  {
    LED=0;
  }
}
```

8. 把文件添加到工程中

至此,保存的文件并没有和工程建立任何联系,因此需要把该文件添加到工程中,右击工程窗口中的"Source Group 1",选择"Add Files to Group 'Source Group 1'选项",此时要找到上一步中所保存文件的路径,注意要找准扩展名。

9. 编译程序

以上步骤执行完后,单击"Target1",再单击"Project"菜单下的"Build target"菜单。如在输出窗口出现"Target not created"的提示,说明程序有错误,编译未成功。根据输出窗口里的提示信息修改程序,修改后再进行编译直到输出窗口出现"0 errors"的提示信息,表示编译成功,如图1-24所示。

图1-24 编译正确

如编译成功则生成HEX二进制文件。(其文件主名与工程名同名,且默认保存在工程所在的目录下,文件扩展名为.HEX。)

三、Proteus仿真

(1)将Keil中程序编译生成的.HEX文件导入Proteus中。

双击单片机,弹出图1-25所示对话框,单击其中的按钮 , 选择目标代码路径,并选中目标代码(HEX文件),单击"打开"按钮,重新回到对话框,单击"OK"按钮。

(2)在Proteus ISIS编辑窗口中单击 ▶ 按钮,可观察到发光二极管被点亮,如图1-26所示。

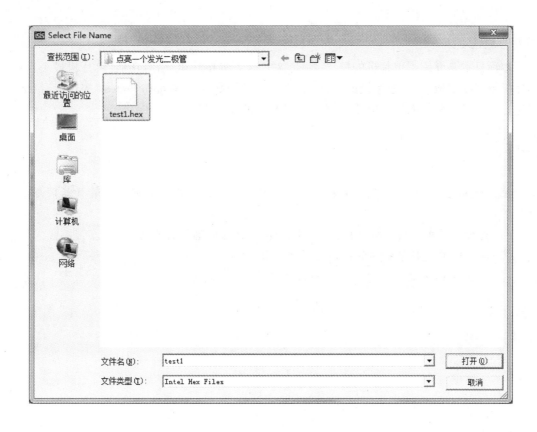

图 1-25　装载程序目标代码

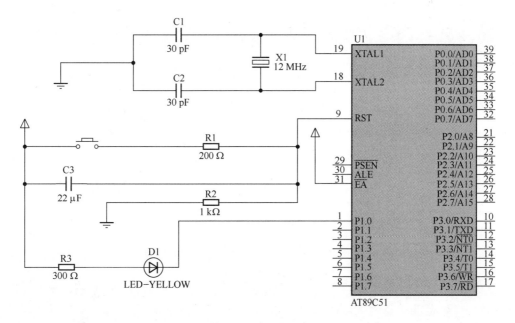

图 1-26　发光二极管被点亮

项目小结

　　本项目主要介绍了单片机的概念、特点、80C51系列单片机、引脚功能、单片机最小系统、单片机系统的组成、单片机系统的软件，以及单片机开发软件Keil和Proteus的功能，给出了点亮一个发光二极管的仿真电路绘制方法和Keil的使用方法。

 习题

操作题

　　把一个发光二极管连接到单片机的一个I/O口上，上电后，该发光二极管开始闪烁。要求如下：

　　（1）进行单片机应用电路分析，并完成Proteus仿真电路图的绘制。

　　（2）在Keil中进行源程序的编写与编译工作。

　　（3）在Proteus中进行程序的调试与仿真工作，最终实现上述功能。

项目  二

开关控制LED闪烁方式

学习目标

(1)掌握单片机的内部结构;
(2)掌握单片机的 I/O 口功能与特性;
(3)掌握开关接口电路的设计方法;
(4)学会使用 Keil 与 Proteus 软件进行程序调试与仿真。

相关知识

一、单片机的内部结构

单片机的内部包含中央微处理器(CPU)、数据存储器(RAM)、程序存储器(ROM)、定时/计数器及外围电路。单片机各组成单元通过总线与微处理器进行信息传输,如图 2-1 所示。

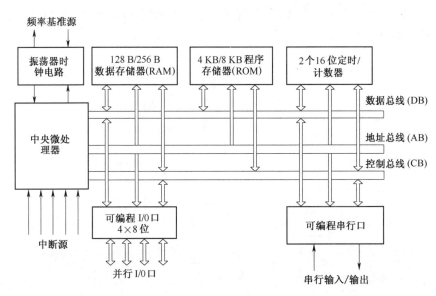

图 2-1 单片机的内部结构

总线是用于传送信息的公共途径。总线可分为数据总线（DB）、地址总线（AB）、控制总线（CB），采用总线结构，可以减少信息传输线根数，提高系统的可靠性，增加系统的灵活性。

（1）数据总线。数据总线用来在微处理器与存储器以及输入/输出接口之间传送指令代码和数据信息。通常微处理器的位数和外部数据总线位数一致，8 位微处理器就有 8 根数据线。数据线是双向的，既可以从 CPU 输出，也可以从外部输入到 CPU。

（2）地址总线。地址总线用于传送地址信息。当微处理器与存储器或外围设备交换信息时，必须指明要与哪个存储单元或哪个外围设备交换，因此，地址总线必须和所有存储器的地址线对应相连，也必须和所有 I/O 接口设备相连。这样，当微处理器对存储器或外设读写数据时，只要把单元地址或外设的设备码送到地址总线上便可选中对象。地址总线是单向的，即地址总线是从 CPU 传向存储器或外设。地址线的数目决定了 CPU 可以直接访问的存储器的单元数目，如 8 位单片机中，它通常为 16 根，CPU 可直接访问的存储器的单元数目为 2^{16} B = 65 536 B = 64 kB。

（3）控制总线。控制总线用来传送使单片机各个部件协调工作的定时信号和控制信号，从而保证正确执行所要求的各种操作。控制总线是双向总线，可分为两类：一类由 CPU 发向存储器或外围设备进行某种控制，例如读/写操作控制信号；另一类由存储器或外围设备发向 CPU 表示某种信息或请求，例如忙信号、A/D 转换结束信号、中断请求信号等。控制线的数目与微处理器的位数没有直接关系，一般受引脚数量的限制，控制总线数目不会太多。

二、单片机的并行 I/O 口

MCS-51 系列单片机含有 4 个 I/O 口：P0 口、P1 口、P2 口、P3 口。

1. P0 口

P0 口既能用作通用 I/O 口，又能用作地址/数据总线。

图 2-2 所示为 P0 口的一位结构图。用作通用 I/O 口时，CPU 令"控制"端信号为低电平，其作用有两个：一是使多路开关 MUX 接通 B 端；二是令与门输出低电平，T1 截止，致使输出级为开漏输出电路。

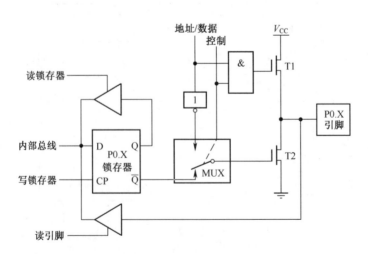

图 2-2　P0 口的一位结构图

（1）当 P0 口用作输出口时，因输出级处于开漏状态，必须外接上拉电阻。当"写锁存器"信号加在锁存器的时钟端 CLK 上，此时 D 触发器将"内部总线"上的信号反相后输出到 $\overline{Q}$ 端，如 D 端信号为 0，$\overline{Q}=1$，T2 导通，P0.X 引脚输出"0"；如 D 端信号为 1，$\overline{Q}=0$，T2 截止，虽然 T1 截止，因 P0.X 引脚已外接上拉电阻，P0.X 引脚输出"1"。

（2）当 P0 口用作输入口时，必须保证 T2 截止。因为如 T2 导通，则从 P0 口引脚上输入的信号被 T2 短路。为使 T2 截止，必须先向该端口写入"1"，$\overline{Q}=0$，T2 截止。输入信号从 P0.X 引脚输入后，先进入输入缓冲器 U2。CPU 执行端口输入指令后，"读引脚"信号使输入缓冲器 U2 开通，输入信号进入内部数据总线。

2. P1 口

P1 口只用作通用 I/O 口，其一位结构图如图 2-3 所示。

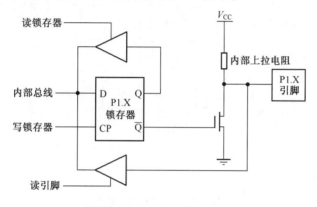

图 2-3　P1 口的一位结构图

与 P0 口相比，P1 口的位结构图中少了地址/数据的传送电路和多路开关，上面一只 MOS 管改为上拉电阻。

P1 口作为一般 I/O 口的功能与使用方法与 P0 口相似。当用作输入口时，应先向端口写入 1。所不同的是，当用作输出口时，由于内部已经有了上拉电阻，所以不需要再外接上拉电阻。

3. P2 口

图 2-4 为 P2 口的一位结构图。P2 口能用作通用 I/O 口或地址总线高 8 位。

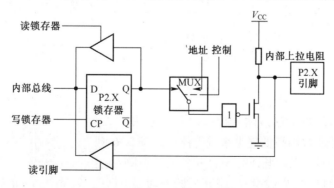

图 2-4　P2 口的一位结构图

作为通用 I/O 口时，当"控制"端信号为低电平时，多路开关 MUX 接到 B 端，P2 口作为通用 I/O 口使用，其功能与使用方法与 P0、P1 口相同。用作输入时，也须先写入 1。当用作输出口时，由于内部已经也有了上拉电阻，所以也不需要再外接上拉电阻。

4. P3 口

P3 口的一位结构图如图 2-5 所示。P3 口可用作通用 I/O 口，同时每一引脚还有第二功能。用作通用 I/O 口时其功能和使用方法与 P1、P2 口相同。用作输入时，也须先写入 1。当用作输出口时，由于内部已经也有了上拉电阻，所以也不需要再外接上拉电阻。

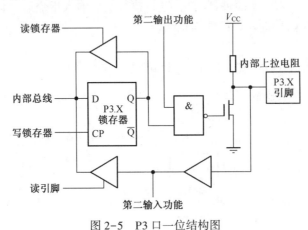

图 2-5　P3 口一位结构图

P3 口的第二功能如表 2-1 所示

表 2-1　P3 口的第二功能

口　线	引　脚	功　能
P3.0	10	RXD（串行输入口）
P3.1	11	TXD（串行输出口）
P3.2	12	$\overline{\text{INT0}}$（外部中断 0）
P3.3	13	$\overline{\text{INT1}}$（外部中断 1）
P3.4	14	T0（定时/计数器 0 外部输入）
P3.5	15	T1（定时/计数器 1 外部输入）
P3.6	16	$\overline{\text{WR}}$（外部数据存储器写脉冲）
P3.7	17	$\overline{\text{RD}}$（外部数据存储器读脉冲）

综上所述，P0 口~P3 口都能用作 I/O 口。用作输入时，均须先写入"1"；用作输出时，P0 口应外接上拉电阻。

三、开关控制

开关控制是单片机 I/O 口输入控制的一种常用方式，开关的闭合与断开通常用高低电平来进行体现。图 2-6 所示为开关电路接口原理图，当开关闭合时，Px.n 引脚直接与地相连，此时引脚输入为低电平；当开关断开时，由于上

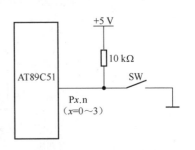

图 2-6　开关电路接口原理

拉电阻的存在引脚电平被拉高,此时输入为高电平。所以根据此引脚电平高低,可判断开关是闭合还是断开。

 **项目描述**

在单片机的控制作用下,通过 P3.0 外接一个开关来控制 P0.0 和 P2.0 两个 I/O 接口所接 LED 的闪烁方式。具体实现功能为:当开关闭合时,两个 LED 同时亮灭闪烁运行;当开关断开时,两个 LED 亮灭交替闪烁运行。

项目实施

一、硬件电路设计

此电路主要由单片机最小系统、发光二极管及开关组成,如图 2-7 所示。

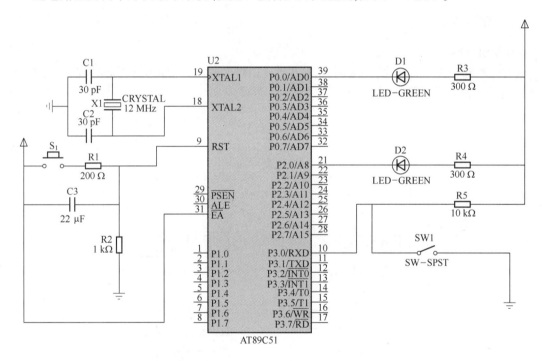

图 2-7　仿真电路

电路中所用元器件见表 2-2。

表 2-2　元器件配置表

名　称	型　号	数　量	Proteus 中元器件名称
单片机	AT89C51	1	AT89C51
陶瓷电容	30 pF	2	CAP
电解电容	22 μF	1	CAP-ELEC
晶振	12 MHz	1	CRYSTAL

名　称	型　号	数　量	Proteus 中元器件名称
发光二极管	绿色	2	LED-GREEN
按键		1	BUTTON
电阻	1 kΩ	2	RES
电阻	300 Ω	2	RES
电阻	10 kΩ	1	RES
电阻	200 Ω	1	RES
刀开关		1	SW-SPST

二、软件设计

1. 程序流程

首先判断开关是否闭合，如果闭合，则两个 LED 同时亮灭闪烁运行；如果不闭合，则两个 LED 亮灭交替闪烁运行，如图 2-8 所示。

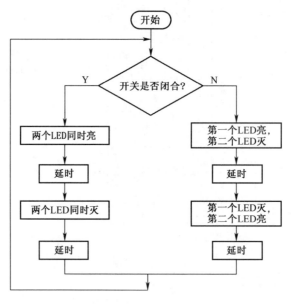

图 2-8　程序流程

2. 程序设计

C 语言源程序代码如下：

```
1.#include<reg51.h>          //定义包含头文件
2.#define uint unsigned int
3.#define uchar unsigned char //宏定义
4.sbit SW=P3^0;              //用 SW 代替 P3.0 口
```

```
5. void delay_1ms(uint);              //延时子程序
6. // = = = = = = = = = = = = =主函数= = = = = = = = = = = = = = = = = = = = = = = = = =
7. main()
8. {while(1)                          //无限循环扫描
9. {
10. SW=1;                             //在读 P3.1 口引脚之前,先写入 1
11. if(SW==1)                         //如果 SW 开关没有被按下,则两个 LED 轮流闪烁
12. {
13.    P0=0X00;P2=0X01;               //点亮 P0.0、熄灭 P2.0
14.    delay_1ms(1000);               //调用延时 1 s 子程序
15.    P0=0X01;P2=0X00;               //熄灭 P0.0、点亮 P2.0
16.    delay_1ms(1000);               //调用延时 1 s 子程序
17. }
18. else                             //如果 SW 开关被按下,则两个 LED 一起亮灭
19. {
20.    P0=0X00;P2=0X00;               //点亮 P0.0 和 P2.0
21.    delay_1ms(1000);               //调用延时 1 s 子程序
22.    P0=0X01;P2=0X01;               //熄灭 P0.0 和 P2.0
23.    delay_1ms(1000);               //调用延时 1 s 子程序
24.    }
25.    }
26.}
27. // = = = = = = = = = = = = =延时 1 ms 子程序= = = = = = = = = = = = = = = = = = =
28. void delay_1ms(uint x)
29. {
30.    uchar  j;                      //定义局部变量
31.    while (x--)                    //每循环一次,x 值减 1 一次
32.      for(j=0;j<120;j++)
33.        ;                          //空语句循环体
33   }
```

C 语言程序说明：

（1）序号 1：“#include<reg51. h>”文件包含语句,表示把语句中指定文件的全部内容复制到此处,与当前的源程序文件链接成一个源文件。该语句中指定的文件 reg51. h 是 Keil C51 编译器提供的头文件,该文件包含了对 MCS-51 系列单片机特殊功能寄存器(SFR)和位名称的定义。

（2）序号 2、3：预处理宏命令用 uint 来代替 unsigned int ,用 uchar 来代替 unsigned char,方便写程序。

（3）序号 4：“sbit SW=P3^0;”在程序中通过 sbit 定义可位寻址变量,实现访问芯片内部特殊功能寄存器的可寻址位,这样在后面的程序中就可以用 SW 来进行该位的读写操作。

（4）序号 8：“while(1)”由于 while 的条件表达式为“1”,该语句作用为实现其后面“{}”里面内容的无限循环运行。

（5）序号10："SW=1;"在读P3.0口引脚之前，先写入1，再读入数据。因为P3.0口作为通用的I/O输入口使用，所以要读其引脚时，必须先写入"1"，以便为后续再读入数据做准备。

（6）序号11~17："if（SW==1）else"由于开关SW值不是0就是1，所以用if-else来进行开关状态的判断处理，进而实现LED闪烁方式的控制。

（7）序号31："while（x--）"程序的延时子程序使用了while（x--）循环，其本质和for是一样的，当（ ）里的值大于0时继续循环执行下一条语句，直到（ ）里的条件值为0。

（8）序号28~33：延时1 ms带参数的子程序，通过for循环来执行空语句和while一起构成双重循环来实现延时。

三、调试与仿真

1. Proteus与Keil的联调

（1）安装插件vdmagdi.exe（注意：应把插件安装在Keil的安装目录下），插件vdmagdi.exe可以通过购买或网上授权获得。

（2）在安装好Proteus与Keil的计算机上，将Keil安装目录\C51\BIN中的VDM51.dll文件复制到Proteus软件的安装目录Proteus\MODELS下。

（3）如图2-9所示，修改Keil安装目录下的Tools.ini文件，在C51字段中加入TDRV11=BIN\VDM51.DLL（"PROTEUS 6 EMULATOR"）并保存。注意，不一定是使用TDRV11，应根据原来字段选用一个不重复的数值。

图2-9 在C51字段中加入TDRV11=BIN\VDM51.DLL

以上步骤只在初次使用时设置一次，再次使用时就不必再设置。

（4）在Proteus中绘制仿真电路图并保存。

（5）在Keil中创建工程文件，选择芯片型号为AT89C51，进行属性设置，新建C语言程序文件，并该C程序文件中输入C语言程序，把该C语言程序添加到工程中，并进行编译，生成 HEX 文件。

(6)打开仿真电路图文件,在 Proteus 的"Debug"菜单中选中"Use Remote Debug Monitor"。右击并选中 STC89C51 单片机,在弹出对话框的"Program File"选项中,导入在 Keil 中生成的 HEX 文件。

(7)在 Keil 中打开工程文件,打开窗口"Option for Target 'target1'..."。在 Debug 选项中右栏上部的下拉菜单中选择"Proteus VSM Simulator"。单击进入 Settings 窗口,设置 IP 为 127.0.0.1,端口号为 8000。

(8)在 Keil 中选择"Debug-Start/Stop Debug Session",进入调试状态,把开关断开,在程序的第 25 行前双击即可创建一断点,按【F5】键(运行到断点或结束)即可运行到断点,观察两个 LED 是否亮灭交替闪烁运行。如果不是亮灭交替运行,则改变断点位置或采用单步运行的方法进一步调试。

(9)再次闭合开关,按【F5】键,观察两个 LED 是否同时亮灭闪烁运行。同样,如果不是同时亮灭闪烁运行,则改变断点位置或采用单步运行的方法进一步调试,直至正确为止。

2. Proteus 仿真

(1)用 Proteus 打开已绘制好的电路仿真图,并将最后调试完成的程序重新编译生成新的 .HEX 文件导入 Proteus 中。

(2)在 Proteus ISIS 编辑窗口中单击 ▶ 按钮,开关打开时可见两个 LED 亮灭交替运行,如图 2-10 所示。

(3)开关闭合时,两个 LED 同时亮灭闪烁运行,如图 2-11 所示。

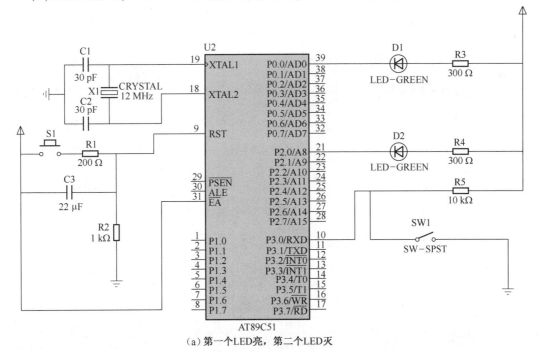

(a)第一个 LED 亮,第二个 LED 灭

图 2-10 两个 LED 亮灭交替运行

项目二 开关控制 LED 闪烁方式

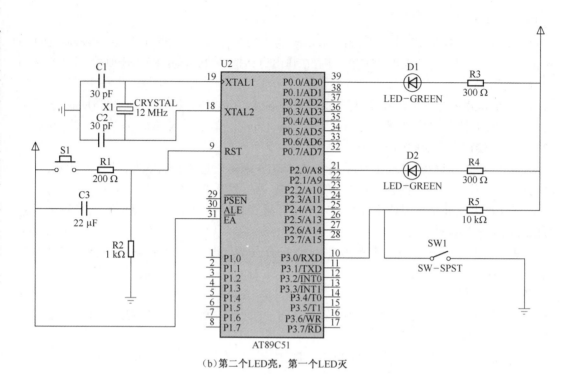

（b）第二个LED亮，第一个LED灭

图 2-10　两个 LED 亮灭交替运行(续)

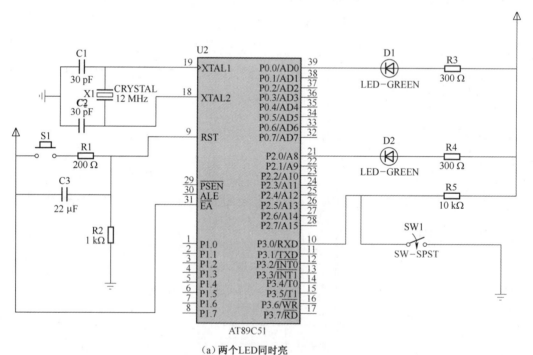

（a）两个LED同时亮

图 2-11　两个 LED 同时亮灭闪烁运行

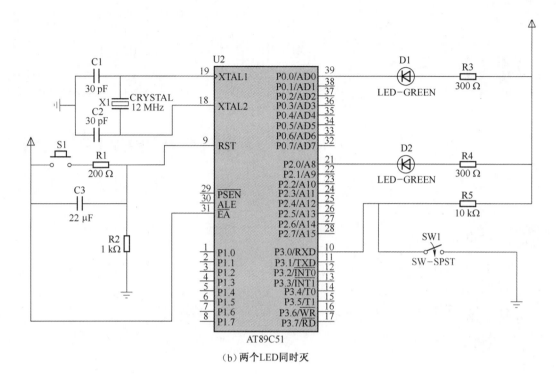

（b）两个LED同时灭

图 2-11　两个 LED 同时亮灭闪烁运行(续)

 项目小结

　　本项目介绍了单片机 I/O 口和开关控制原理,还给出了开关控制 LED 闪烁方式的仿真电路、程序流程及 C 语言源程序。

习题

操作题

　　在上述基础上在 P3.1 另增一开关 SW₂,只有在 SW₂ 闭合时,电路才按上述规律工作,否则电路不工作,两个发光二极管均不亮。

　　要求如下:

　　(1)进行单片机应用电路分析,并完成 Proteus 仿真电路图的绘制。

　　(2)根据任务要求进行单片机控制程序流程和程序设计思路分析,画出程序流程图。

　　(3)在 Keil 中进行源程序的编写与编译工作。

　　(4)在 Proteus 中进行程序的调试与仿真工作,最终完成实现上述功能。

项目三

双边拉幕灯的设计

 **学习目标**

（1）进一步掌握单片机的 I/O 口功能与特性；

（2）学会使用 C 语言进行 I/O 口控制程序的分析与设计；

（3）熟练掌握使用 Keil 与 Proteus 软件进行程序调试与仿真。

 **相关知识**

一、MCS-51 系列单片机存储器的空间配置

MCS-51 系列单片机分 51 子系列和 52 子系列，其内部都集成了一定容量的程序存储器（8031、8032、80C31 除外）和数据存储器。此外它还有强大的外部存储器扩展能力。51 子系列单片机内部有 128 B 的 RAM 数据存储器和 4 KB 的 ROM 或 EPROM 程序存储器（8031 除外），而 52 子系列内部有 256 B 的 RAM 数据存储器和 8 KB 的 ROM 程序存储器（8032 除外）。

如图 3-1 所示，MCS-51 系列单片机的存储器在物理结构上可以分为 4 个不同的存储空间：

（1）内部程序存储器；

（2）内部数据存储器；

（3）外部程序存储器（最大可扩展到 64KB）；

（4）外部数据存储器（最大可扩展到 64KB）。

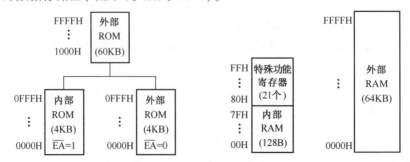

图 3-1 MCS-51 系列单片机存储器空间分配图

二、程序存储器(ROM)

程序存储器用于存放程序及表格常数。51 子系列单片机内部有 4 KB 的 ROM,而 52 子系列单片机内部有 8 KB 的 ROM,不管是 51 子系列还是 52 子系列都可以扩展到 64 KB,而且内部 ROM 和外部 ROM 是统一编址的。当单片机的引脚$\overline{EA}$为高电平时,单片机的程序计数器(PC)在 0000H~0FFFH 范围内(即前 4 KB 地址)时,CPU 执行片内 ROM 中的程序。当 PC 在 1000H~FFFFH 范围内(超出 4 KB 地址)时,CPU 自动转向外部 ROM 执行程序。当$\overline{EA}$为低电平时,则所有取指令操作均在外部程序存储器中进行,这时外部扩展的 ROM 可从 0000H 开始编址。

程序计数器(PC)是由 16 位寄存器构成的计数器。要单片机执行一个程序,就必须把该程序按顺序预先装入存储器 ROM 的某个区域。单片机动作时应按顺序一条条取出指令来加以执行。因此,必须有一个电路能找出指令所在的单元地址,该电路就是程序计数器 PC,寻址空间为 64 KB(0000H~FFFFH)。

MCS-51 系列单片机在复位后 PC 的内容为 0000H,所以系统必须从程序存储器的 0000H 开始取指令,执行程序。因为 0000H 是系统的启动地址,所以用户在设计程序时,一般会在这一单元中存放一条绝对跳转指令,而主程序则从跳转到的新地址处开始存放。

PC 的基本工作方式有:

(1)自动加 1。CPU 从 ROM 中每读一字节,自动更新 PC 的值,即 PC=PC+1。

(2)执行转移指令时,PC 会根据该指令要求修改下一次读 ROM 新的地址。

(3)执行调用子程序或发生中断时,CPU 会自动将当前 PC 值压入堆栈,将子程序入口地址或中断入口地址转入 PC;子程序返回或中断返回时,回复原有被压入堆栈的 PC 值,继续执行原顺序程序指令。

三、数据存储器(RAM)

数据存储器(RAM)用于存放数据和运算结果。一般情况下,当内部 RAM 不能满足应用要求时,需要外接 RAM,最大可扩展到 64 KB。

1. 内部 RAM

从广义上讲,80C51 的 128 B RAM 和特殊功能寄存器(128 B)都属于内部 RAM 空间,但为了加以区别,内部 RAM 通常指 00H~7FH 的低 128 B 空间。表 3-1 为 80C51 内部 RAM 结构。它分为 3 个物理空间:工作寄存器区、位寻址区和数据缓冲区。

表 3-1 80C51 内 RAM 结构

30H~7FH								数据缓冲区
字节地址	展开对应位地址							
2FH	7F	7E	7D	7C	7B	7A	79	78	
2EH	77	76	75	74	73	72	71	70	位寻址区·可字节寻址
2DH	6F	6E	6D	6C	6B	6A	69	68	
2CH	67	66	65	64	63	62	61	60	

30H~7FH								数据缓冲区
字节地址	展开对应位地址							
2BH	5F	5E	5D	5C	5B	5A	59	58
2AH	57	56	55	54	53	52	51	50
29H	4F	4E	4D	4C	4B	4A	49	48
28H	47	46	45	44	43	42	41	40
27H	3F	3E	3D	3C	3B	3A	39	38
26H	37	36	35	34	33	32	31	30	位寻址区·可字节寻址
25H	2F	2E	2D	2C	2B	2A	29	28
24H	27	26	25	24	23	22	21	20
23H	1F	1E	1D	1C	1B	1A	19	18
22H	17	16	15	14	13	12	11	10
21H	0F	0E	0D	0C	0B	0A	09	08
20H	07	06	05	04	03	02	01	00
18H~1FH	工作寄存器3区（RS1=1,RS0=1)							
10H~17H	工作寄存器2区（RS1=1,RS0=0)							工作寄存器区
08H~0FH	工作寄存器1区（RS1=0,RS0=1)							
00H~07H	工作寄存器0区（RS1=0,RS0=0)							

（1）工作寄存器区

工作寄存器区分为 4 个区,0 区、1 区、2 区、3 区。每个区有 8 个寄存器:R0~R7。寄存器名称相同。但当前工作寄存器区只能有一个,至于哪一个工作寄存器区处于当前工作状态则有程序状态字 PSW 中的 D4(RS1)、D3(RS0)位决定。若用户程序不需要 4 个工作寄存器区,则不用的工作寄存器区单元可作为一般的 RAM 使用。

（2）位寻址区

20H~2FH 共 16 B 属位寻址区。16 B 中每字节有 8 bit,所以共有 128 bit,每一位均有一个位地址(00H~7FH)。

（3）数据缓冲区

内部 RAM 中 30H~7FH 为地址的字节区域,共 80 个 RAM 单元为数据缓冲区,属于一般内部 RAM,用于存放各种数据和中间结果以及作为堆栈使用,起到数据缓冲的作用。

2. 特殊功能寄存器(SFR)

在 MCS-51 系列单片机中,内部 RAM 的高 128B 是供给特殊功能寄存器 SFR(special function register)使用的。所谓特殊功能寄存器,是指有特殊用途的寄存器集合,也称为专用寄存器,它们位于单片机数据存储器之上。特殊功能寄存器的实际个数与单片机的型号有关,8051 或 8031 的 SFR 有 21 个,8052 的 SFR 有 26 个,它们离散地分布在 80H~FFH 的地址空间内,在此区间访问不为 SFR 占用的 RAM 单元没有实际意义。表 3-2 为特殊功能寄存器地址映像表。

表 3-2　特殊功能寄存器地址映像

SFR	MSB			位地址/位定义				LSB	字节地址
B	F7	F6	F5	F4	F3	F2	F1	F0	F0H
ACC	E7	E6	E5	E4	E3	E2	E1	E0	E0H
PSW	D7	D6	D5	D4	D3	D2	D1	D0	D0H
	CY	AC	F0	RS1	RS0	OV	F1	P	
IP	BF	BE	BD	BC	BB	BA	B9	B8	B8H
	/	/	/	PS	TP1	PX1	PT0	PX0	
P3	B7	B6	B5	B4	B3	B2	B1	B0	B0H
	P3.7	P3.6	P3.5	P3.4	P3.3	P3.2	P3.1	P3.0	
IE	AF	AE	AD	AC	AB	AA	A9	A8	A8H
	EA	/	/	ES	ET1	EX1	ET0	EX0	
P2	A7	A6	A5	A4	A3	A2	A1	A0	A0H
	P2.7	P2.6	P2.5	P2.4	P2.3	P2.2	P2.1	P2.0	
SBUF									(99H)
SCON	9F	9E	9D	9C	9B	9A	99	98	98H
	SM0	SM1	SM2	REN	TB8	RB8	T1	R1	
P1	97	96	95	94	93	92	91	90	90H
	P1.7	P1.6	P1.5	P1.4	P1.3	P1.2	P1.1	P1.0	
TH1									(8DH)
TH0									(8CH)
TL1									(8BH)
TL0									(8AH)
TMOD	GATE	C/T	M1	M0	GATE	C/T	M1	M0	(89H)
TCON	8F	8E	8D	8C	8B	8A	89	88	88H
	TF1	TR1	TF0	TR0	IE1	IT1	IT0	IE0	
PCON	SMOD	/	/	/	GF1	GF0	PD	IDL	(87H)
DPH									(83H)
DPL									(82H)
SP									(81)
P0	87	86	85	84	83	82	81	80	80H
	P0.7	P0.6	P0.5	P0.4	P0.3	P0.2	P0.1	P0.0	

注:带括号的字节地址每位无位地址,不可寻址。

下面对部分特殊功能寄存器先做介绍,其余部分将在后面叙述。

(1)程序状态字寄存器(PSW)

PSW 也称为标志寄存器,存放有关标志。其结构如表 3-2 中程序状态字寄存器栏。

CY（PSW.7）进位标志。在累加器 A 执行加减法运算中，若最高位有进位或借位，CY 被硬件自动置 1，否则自动清 0。在布尔处理机中它被认为是位累加器，其重要性相当于一般中央处理机中的累加器 A。

AC（PSW.6）辅助进位标志。累加器 A 执行加减运算时，若低半字节 ACC.3 向高半字节 ACC.4 有进（借）位，AC 由硬件自动置 1，否则清 0。

F0（PSW.5）标志 F0 是用户定义的一个状态标记，可以用软件来使它置位或清 0，也可以用软件测试 F0 以控制程序的流程。

RS1、RS0（PSW.4、PSW.3）工作寄存器区选择控制位。工作寄存器区有 4 个，但当前工作寄存器区只能有一个。RS1、RS0 用于选择当前工作寄存器区。具体设置如表 3-1 工作寄存器区栏所示。

OV（PSW.2）溢出标志。用于表示 ACC 在有符号数算术运算中的溢出。

P（PSW.0）奇偶标志。

F1（PSW.1）用户标志。

（2）堆栈指针（SP）

堆栈是一种数据项按序排列的数据结构，只能在一端［称为栈顶（Top）］对数据项进行插入和删除，如图 3-2 所示。堆栈是 CPU 暂时存放特殊数据的"仓库"。如子程序断点地址、中断断点地址（又称保护断点）和其他需要保存的数据（如保护中断时各寄存器数据，又称保护现场）。在 51 系列单片机中，堆栈由内存 RAM 中若干连续存储单元组成。存储单元的个数称为堆栈的深度。

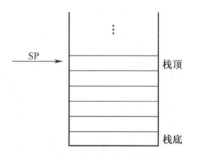

图 3-2　堆栈结构示意图

堆栈指针（SP）专用于指出堆栈顶部数据的地址。无论从堆栈存入还是读取数据，SP 始终指向堆栈顶部数据的地址。

堆栈中的数据存取按先进后出、后进先出的原则。相当于冲锋枪的子弹夹，子弹一粒粒压进去，射击时，最后压进去的子弹先打出去（后进先出），最先压进去的子弹最后才能打出去（先进后出）。

项目描述

当系统上电运行工作时，模拟左右两边幕的 LED 同步由两边向中间逐一点亮，当全部点亮后，再同步由中间向两边逐一熄灭，以此往复循环运行，形成"双边拉幕灯"效果。

项目实施

一、硬件电路设计

本系统电路比较简单，除了单片机最小系统外，还有 8 路 LED 及其限流电阻，电路原理图如图 3-3 所示，单片机对 8 个 LED 驱动均采用低电平点亮方式接口设计，因为单片机 I/O 口的低电平灌入电流能力比高电平输出电流能力要强。将 8 个 LED 连接在 P1 口上，并串上电阻进行限流保护。

LED 阳极接电源正极,阴极接限流电阻,LED 支路与 P1 口相连,当 P1 口为低电平时,相应 LED 点亮,相反,则不亮。因此,只要选择合适的限流电阻,控制 P1 口的电平高低,就可以控制 LED 的亮灭。

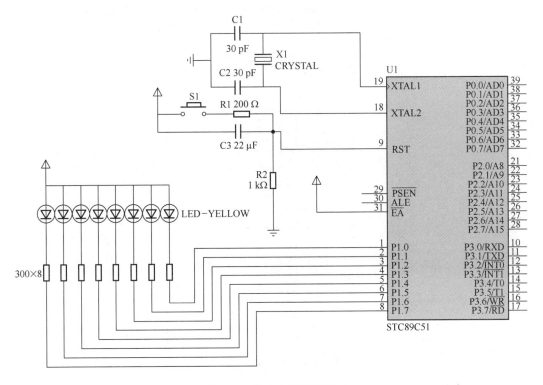

图 3-3　仿真电路原理图

本电路所用元器件见表 3-3。

表 3-3　元器件配置表

名　称	型　号	数　量	Proteus 中元器件名称
单片机	STC89C51	1	AT89C51
陶瓷电容器	30 pF	2	CAP
电解电容器	22 μF	1	CAP-ELEC
晶振	12 MHz	1	CRYSTAL
发光二极管	黄色	8	LED-YELLOW
电阻器	1 kΩ	1	RES
电阻器	300 Ω	8	RES
电阻器	200 Ω	1	RES

二、软件设计

1. 程序流程

如图 3-4 所示,本系统流程包括点亮和熄灭两大部分。点亮部分依次包括点亮最左边和最右边两个 LED、点亮两边的 4 个 LED、点亮两边的 6 个 LED、点亮 8 个 LED，熄灭部分依次包括熄灭中间的两个 LED、熄灭中间的 4 个 LED、熄灭中间的 6 个 LED 与熄灭 8 个 LED，每次点亮或熄灭均需通过调用延时子程序延时 0.1 s。

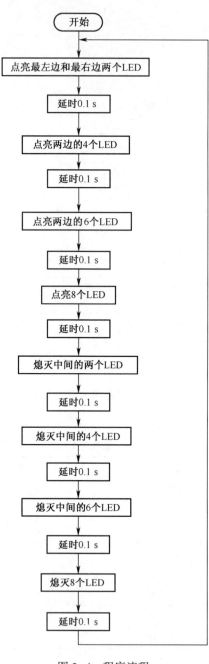

图 3-4　程序流程

2. 程序设计

C 语言源程序代码如下：

```
1. #include<reg51.h>              //包含头文件
2. #define uchar unsigned char//宏定义
3. #define uint unsigned int
4. //==================1 ms 延时子程序==================
5. void DelayMS(uint x)
6. {
7.   uchar i ;                   //定义局部变量
8.   while(x--)
9.   {
10.    for(i=0;i<120;i++);
11.   }
12. }
13. //==================主程序==================
14. void main()
15. {
16. while(1)
17. {
18.    P1=0X7E;                  //点亮最左边和最右边两个 LED
19.    DelayMS(100);             //调用延时 0.1 s
20.    P1=0X3C;                  //点亮两边的 4 个 LED
21.    DelayMS(100);             //调用延时 0.1 s
22.    P1=0X18;                  //点亮两边的 6 个 LED
23.    DelayMS(100);             //调用延时 0.1 s
24.    P1=0X00;                  //8 个 LED 全部点亮
25.    DelayMS(100);             //调用延时 0.1 s
26.    P1=0X18;                  //熄灭中间的两个 LED
27.    DelayMS(100);             //调用延时 0.1 s
28.    P1=0X3C;                  //熄灭中间的 4 个 LED
29.    DelayMS(100);             //调用延时 0.1 s
30.    P1=0X7E;                  //熄灭中间的 6 个 LED
31.    DelayMS(100);             //调用延时 0.1 s
32.    P1=0XFF;                  //熄灭 8 个 LED
33.    DelayMS(100);             //调用延时 0.1 s
34.   }
```

三、调试与仿真

1. Proteus 与 Keil 的联调

（1）按照项目二中 Proteus 与 Keil 联调的步骤（1）~（3）完成基本的软件设置。如果前面已经设置过一次，在此可以忽略。

（2）在 Proteus 中绘制仿真电路图并保存。

（3）在 Keil 中创建工程文件，选择芯片型号，进行属性设置，新建 C 语言程序文件，并该

C 程序文件中输入 C 语言程序,把该 C 语言程序添加到工程中,并进行编译,生成 .HEX 文件。

(4)打开仿真电路图文件,在 Proteus 的"Debug"菜单中选中"Use Remote Debug Monitor"。右击选中"STC89C51 单片机",在弹出对话框的"Program File"选项中,导入在 Keil 中生成的 .HEX 文件。

(5)在 Keil 中打开工程文件,打开窗口"Option for Target 'target1'…"。在 Debug 选项中右栏上部的下拉菜单中选择"Proteus VSM Simulator"。单击进入"Settings"窗口,设置 IP 为 127.0.0.1,端口号为 8000。

(6)在 Keil 中选择"Debug"→"Start/Stop Debug Session",进入调试状态,在 Keil 中选择"Peripherals"→"I/O-ports"→"Port 1",出现图 3-5 所示窗口,通过此窗口,可以查看 P1 口的值。

(7)不断单击 按扭或按【F10】键(单步运行,跳过子程序),在 Proteus 中观察运行结果。当程序运行到第 24 行时,出现如图 3-6 所示界面。

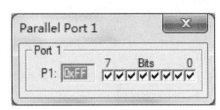

图 3-5　P1 窗口

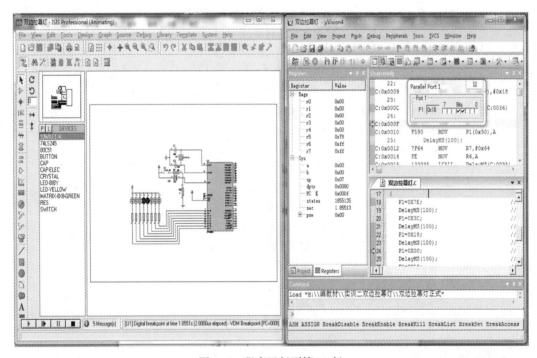

图 3-6　程序运行到第 24 行

当程序运行到第 30 行时,出现图 3-7 所示界面。

逐一检查各步运行结果是否正确,如不正确,修改程序或电路后重新调试,直到各步运行结果均正确。

2. Proteus 仿真运行

(1)用 Proteus 打开已绘制好的"双边拉幕灯 .DSN",并将最后调试完成的程序重新编译

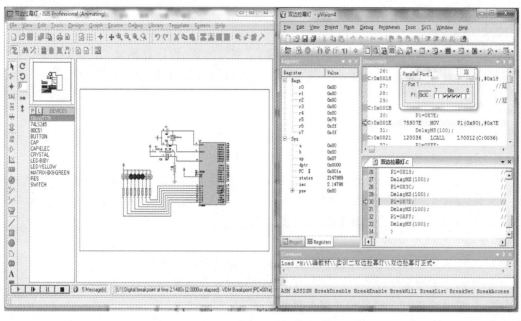

图 3-7　程序运行到第 30 行

生成新的 . HEX 文件导入 Proteus 中。

（2）在 Proteus ISIS 编辑窗口中单击 ▶ 按钮，可看到 LED 灯同步由两边向中间逐一点亮，当全部亮后，再同步由中间向两边逐一熄灭，以此往复循环运行，形成"双边拉幕灯"效果，如图 3-8 所示。

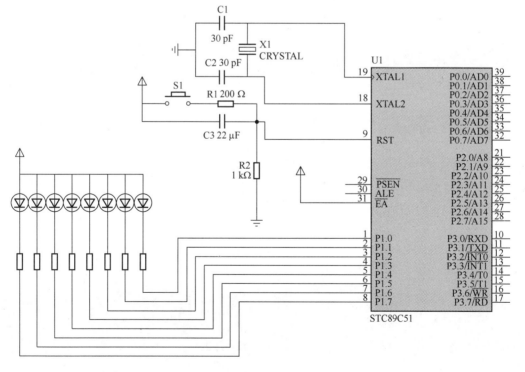

图 3-8　仿真结果

项目小结

本项目主要介绍了 MCS-51 单片机的存储器空间配置、程序存储器（ROM）与数据存储器（RAM）的结构与功能，给出了双边拉幕灯的仿真电路、程序流程及 C 语言源程序。

习题

操作题

在上述电路和程序基础上作适当修改，使其实现如下功能：

系统上电运行工作后，当开关闭合后，模拟左右两边幕的 LED 同步由中间向两边逐一点亮，当全部点亮后，再同步由两边向中间逐一熄灭。以此往复循环运行，形成另一种"双边拉幕灯"效果；当开关断开时，所有 LED 均不亮。

要求如下：

（1）进行单片机应用电路分析，并完成 Proteus 仿真电路图的绘制。

（2）根据任务要求进行单片机控制程序流程和程序设计思路分析，画出程序流程图。

（3）在 Keil 中进行源程序的编写与编译工作。

（4）在 Proteus 中进行程序的调试与仿真工作，最终完成实现上述功能。

项目四

LED点阵屏显示字符控制

学习目标

(1)学会LED点阵屏显示接口电路的分析与设计；
(2)理解LED点阵屏动态显示的工作原理；
(3)掌握74LS138的功能及使用方法；
(4)掌握LED点阵屏显示程序的设计与编写。

相关知识

一、8×8 LED 点阵屏

图4-1所示为8×8 LED点阵屏外形，它由8行8列共64个发光二极管构成，如图4-2所示，用它可以显示英文字符、数字和简单的图形和汉字。显示原理是：只要其对应的X、Y轴

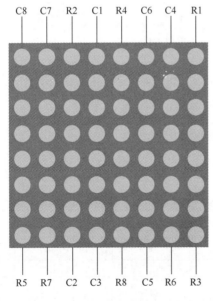

图4-1　8×8 LED点阵屏外形

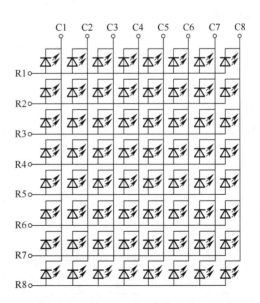

图4-2　8×8 LED点阵屏内部结构

正向偏压，即可使对应的 LED 点亮。例如，如果要使左上角 LED 点亮，则 R1＝1，C1＝0 即可，应用时限流电阻可以放在 X 轴或 Y 轴，这样只要在上面点亮多个对应的 LED，即可显示对应的信息图形。如把 C1 列置低电平，其余列置高电平，R1 行至 R8 行的值置为 00000000（0X00）时，则第一列的 8 个 LED 均不亮，接下来把 C2 列置低电平，其余列置高电平，R1 行至 R8 行的值置为 01000000（0X40），则第二列中除了第二行的 LED 点亮，其余发光二极管均不亮。而后继续依次逐列置低电平，其余置高电平，分别把 R1 行至 R8 行的值置为 0X40、0X7F、0X40、0X40、

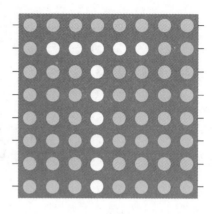

图 4-3　显示"T"

0X00、0X00，逐列依次点亮，并且点亮的时间间隔控制在人眼的视觉残留范围（每秒 50 次以上）内，给人的感觉是同时点亮的，即可显示"T"，如图 4-3 所示。这种利用人眼的视觉残留效应，采用动态扫描方式依次循环点亮各 LED 的显示方式称为动态显示。动态显示不仅可用于 LED 点阵屏，还可用于数码管等。

二、74LS138 译码器

74LS138 为 3 线-8 线译码器，如图 4-4 所示，当一个选通端（E1）为高电平，另两个选通端$\overline{E2}$和$\overline{E3}$为低电平时，可将地址端（A0、A1、A2）的二进制编码在$\overline{Y0}$至$\overline{Y7}$对应的输出端以低电平译出。比如：A2A1A0 ＝101 时，则$\overline{Y5}$输出端输出低电平信号。

A0～A2：地址输入端。

E1：选通端（高电平有效）。

$\overline{E2}$、$\overline{E3}$：选通端（低电平有效）。

$\overline{Y0}$～$\overline{Y7}$：输出端（低电平有效）。

VCC：电源正。

GND：地。

74LS138 真值表见表 4-1。

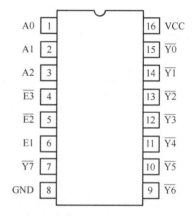

图 4-4　74LS138 引脚

表 4-1　74LS138 真值表

输　入						输　出							
E1	$\overline{E2}$	$\overline{E3}$	A2	A1	A0	$\overline{Y0}$	$\overline{Y1}$	$\overline{Y2}$	$\overline{Y3}$	$\overline{Y4}$	$\overline{Y5}$	$\overline{Y6}$	$\overline{Y7}$
0	×	×	×	×	×	1	1	1	1	1	1	1	1
×	1	×	×	×	×	1	1	1	1	1	1	1	1
×	×	1	×	×	×	1	1	1	1	1	1	1	1
1	0	0	0	0	0	0	1	1	1	1	1	1	1
1	0	0	0	0	1	1	0	1	1	1	1	1	1
1	0	0	0	1	0	1	1	0	1	1	1	1	1
1	0	0	0	1	1	1	1	1	0	1	1	1	1

输　入						输　出							
E1	$\overline{E2}$	$\overline{E3}$	A2	A1	A0	$\overline{Y0}$	$\overline{Y1}$	Y2	$\overline{Y3}$	$\overline{Y4}$	Y5	$\overline{Y6}$	$\overline{Y7}$
1	0	0	1	0	0	1	1	1	1	0	1	1	1
1	0	0	1	0	1	1	1	1	1	1	0	1	1
1	0	0	1	1	0	1	1	1	1	1	1	0	1
1	0	0	1	1	1	1	1	1	1	1	1	1	0

项目描述

利用单片机及译码器、LED 点阵屏,设计电路和程序使其显示字符"THANK"。

项目实施

一、硬件电路设计

如图 4-5 所示,本系统主要由单片机最小系统、8×8 LED 点阵屏及 74LS138 译码器组成。通过单片机的 P3.0、P3.1、P3.2 口来控制译码器的输入信号,译码器的输出信号作为 LED 点阵屏的列信号。LED 点阵屏的行信号由单片机的 P0 口控制。排阻 RP1 内含 8 个上拉电阻。电路中的元器件如表 4-2 所示。

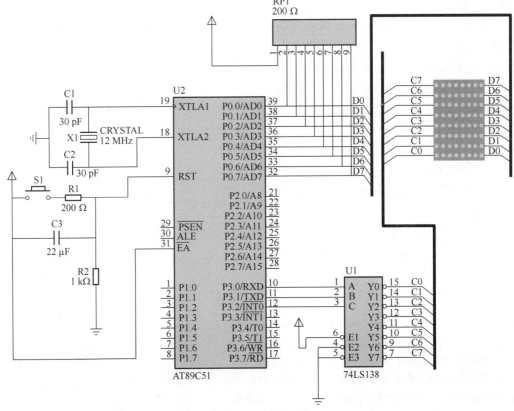

图 4-5　硬件电路

表 4-2　元器件配置表

名　称	型　号	数　量	Proteus 中元器件名称
单片机	AT89C51	1	AT89C51
陶瓷电容	30 pF	2	CAP
电解电容	22 μF	1	CAP-ELEC
晶振	12 MHz	1	CRYSTAL
LED 点阵屏	黄色	1	MATRIX-8×8-ORANGE
排阻		1	RESPACK-8
电阻	1 kΩ	1	RES
电阻	200 Ω	1	RES
译码器	74LS138	1	74LS138
按键		1	BUTTON

二、软件设计

1. 程序流程

在本程序设计中，给 LED 点阵屏逐列置低电平，其余列置高电平，给各行赋值，就可以确定该列 LED 的亮灭状态。经过延时后，再给下一列置低电平，其余列置高电平，同时给各行赋值，依次类推，直到一个字符的 8 列全部扫描完。虽然各列是依次亮的，但是只要把延时时间控制在人眼的视觉暂留范围内（20 ms 以内），人眼就会觉得是同时亮的。这种显示称为动态显示。再把列值清零，重新从第一列开始扫描，进行第二个字符的显示，依次类推，直到所有字符显示完毕。具体流程如图 4-6 所示。

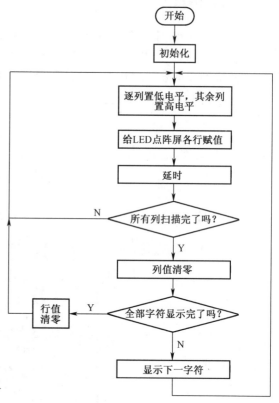

2. 程序设计

C 语言程序代码如下：

```
1. #include <reg51.h>   //包含头文件
2. #define uint unsigned int //宏定义
3. #define uchar unsigned char
4. const uchar tab1[ ]={
5. 0x00,0x40,0x40,0x7f,0x40,0x40,0x00,0x00,   //;"T"
6. 0x00,0x00,0xFF,0x08,0x08,0xFF,0x00,0x00,   //;"H"
7. 0x00,0x04,0x08,0x18,0x28,0x18,0x08,0x04,   //;"A"
8. 0x00,0x7F,0x20,0x10,0x08,0x7F,0x00,0x00,   //;"N"
9. 0x00,0x00,0x00,0xFF,0x08,0x14,0x22,0x41,   //;"K"
10. };
```

图 4-6　程序流程

```
11. const  uchar  tab2[ ]={0x00,0x01,0x02,0x03,0x04,0x05,0x06,0x07};//扫描代码
12. //================延时子程序=================
13. void  delay(uint  n)
14. {
15.    uint i;
16.    for(i=0;i<n;i++);
17. }
18.  //================主程序====================
19. void  main(void)
20. {
21.    uchar  j,r,q=0,t=0;                    //初始化
22.    while(1)
23.    {
24.     for(r=0;r<5;r++)                      //5 个字符,循环 5 次
25.      for(j=q;j<8+q;j++)                   //每个字符由 8 列构成,循环 8 次
26.      {
27.       P3=tab2[t++];                       //逐列置低电平,其余列置高电平
28.       P0=tab1[j];                         //扫描各行
29.       delay(555);                         //延时
30.       if(t==8)                            //满 8 行清零
31.        t=0;
32.      }
33.     q=q+8;                                //下个字符的行值
34.     if(q==40)                             //5 个字符共 40 个行值满后清 0
35.      q=0;
36.    }
37. }
```

三、调试与仿真

1. Proteus 与 Keil 的联调

(1)按照项目二中 Proteus 与 Keil 联调的步骤(1)～(3)完成基本的软件设置。如果前面已经设置过一次,在此可以忽略。

(2)在 Proteus 中绘制仿真电路图并保存。

(3)在 Keil 中创建工程文件, 选择芯片型号,进行属性设置,新建 C 语言程序文件,并该 C 程序文件中输入 C 语言程序,把该 C 语言程序添加到工程中,并进行编译,生成 .HEX 文件。

(4)打开仿真电路图文件,在 Proteus 的"Debug"菜单中选中"Use Remote Debug Monitor"。右击并选择 STC89C51 单片机,在弹出对话框的"Program File"选项中,导入在 Keil 中生成的 .HEX 文件。

(5)在 Keil 中打开工程文件,打开窗口"Option for Target 'target1'…"。在 Debug 选项中右栏上部的下拉菜单选中 Proteus VSM Simulator。单击进入"Settings"窗口,设置 IP 为 127.0.0.1,端口号为 8000。

（6）在 Keil 中选择"Debug-Start"→"Stop Debug Session"，进入调试状态，单击"Peripher-als"→"I/O-ports"→"Port 0"，出现图 4-7 所示窗口，通过此窗口，可以查看 P0 口的值。依次类推，打开 P3 口窗口，如图 4-8 所示。

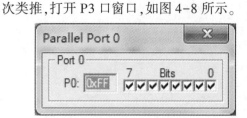

图 4-7　P0 口窗口

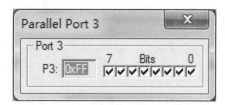

图 4-8　P3 口窗口

（7）不断单击 按钮或按【F10】键（单步运行，跳过子程序），在 Proteus 中观察各步运行结果是否正确，在 P0 口窗口和 P3 口窗口观察 P0 口和 P3 口的值是否正确，如不正确，修改程序或电路，重新编译和调试，直至各步均正确。

2. Proteus 仿真

（1）用 Proteus 打开已绘制好的"LED 点阵屏 . DSN"，并将最后调试完成的程序重新编译生成新的 . HEX 文件导入 Proteus 中。

（2）在 Proteus ISIS 编辑窗口中单击 ▶ 按钮，观看仿真结果，如图 4-9 所示。

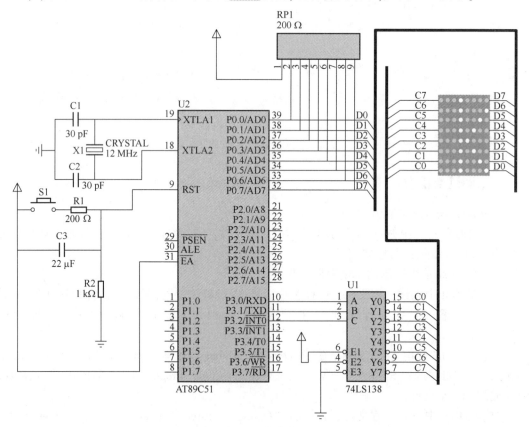

图 4-9　仿真结果

 项目小结

本项目介绍了 8×8 LED 点阵屏的原理和 74LS138 译码器的功能,给出了 LED 点阵屏显示字符控制的仿真电路、程序流程和 C 语言源程序代码。

 习题

操作题

利用单片机及译码器、LED 点阵屏和开关等,设计电路和程序,使得当开关闭合时,LED 点阵屏显示字符"012345689＊＊＊",＊＊＊为自己姓名拼音的首字母;当开关断开时,不显示任何字符。

要求如下:

(1)进行单片机应用电路分析,并完成 Proteus 仿真电路图的绘制。

(2)根据任务要求进行单片机控制程序流程和程序设计思路分析,画出程序流程图。

(3)在 Keil 中进行源程序的编写与编译工作。

(4)在 Proteus 中进行程序的调试与仿真工作,最终完成实现上述功能。

项目 五

独立式按键控制数码管

学习目标

（1）理解并掌握独立式按键接口电路及软件处理方法；
（2）理解并掌握按键去抖的原理及方法；
（3）学会使用 C 语言进行复杂 I/O 口控制程序的分析与设计；
（4）熟练使用 Keil μVsion3 与 Proteus 软件。

相关知识

一、键盘

在单片机应用系统中，对系统进行初始设置和输入数据等操作是通过输入设备进行的，而最常用的输入设备之一就是键盘。键盘由若干按键按照一定规则组成，每一个按键实际上是一个开关元件，按其构造可分为有触点、无触点两类。有触点开关按键有机械开关、弹片式微动开关、导电橡胶等；无触点开关按键有电容式按键、光电式按键和磁感应按键等。目前，单片机应用系统中使用最多的键盘可分为编码键盘和非编码键盘。

编码键盘能够由硬件逻辑自动提供与被按键对应的编码，通常还有去抖动、多键识别等功能。这种键盘使用方便，但价格较贵，一般的单片机应用系统很少采用。

非编码键盘只提供简单的行和列的矩阵，应用时由软件来识别键盘上的闭合键，它具有结构简单、使用灵活等特点，因此被广泛应用于单片机控制系统。在应用中，非编码键盘常用的类型有独立式键盘和矩阵键盘两类。下面介绍独立式键盘的工作原理。

1. 接口电路

独立式键盘的接口电路如图 5-1 所示。每一个按键对应 P1 口的一根线，各按键是相互独立的。应用时，由软件来识别键盘上的按键是否被按下。当某个键被按下时，该键所对应口将由高电平变为低电平。反过来，如果检测到某口为低电平，则可判断出该口对应的按键被按下。所以，通过软件可判断出各按键是否被按下。

2. 按键抖动的去除

单片机应用中的按键一般是由机械触点构成的。由于机械触点弹性作用，当按键按下时，不会马上稳定接通，当按键松开时，不会马上稳定地断开。在按键按下和松开时会有一

连串的抖动。按键按下的抖动称为前沿抖动或按下抖动。按键松开时的抖动称为后沿抖动或释放抖动,如图5-2所示。前沿抖动和后沿抖动的时间与按键的机械特性有关,一般为5~10 ms。这个时间对于人来说是极短的,可以忽略不计,但是对于单片机来说,却是一个漫长的时间了,因为单片机处理的速度为微秒级。所以虽然只按了一次按键,但是单片机却检测到按了多少次键,因而往往会产生错误的结果。

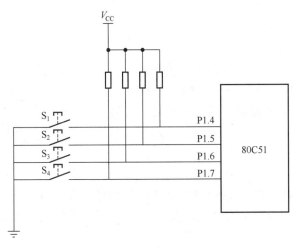

图5-1 独立式键盘的接口电路

为使单片机能够正确读出键盘所接 I/O 口的状态,就必须考虑去抖问题。去抖有硬件去抖法和软件去抖法两种方法。当按键数较少时,可采用硬件去抖;当按键数较多时,可采用软件去抖。

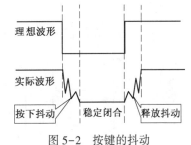

图5-2 按键的抖动

(1)硬件去抖法

硬件去抖法就是在键输出端加 R-S 触发器(双稳态触发器)或单稳态触发器构成去抖动电路。图5-3是一种由 R-S 触发器构成的去抖动电路,当触发器一旦翻转,触点抖动不会对其产生任何影响。

按键未按下时,a = 0,b = 1,输出 Q = 1。按键按下时,因按键的机械弹性作用的影响,使按键产生抖动。当开关没有稳定到达 b 端时,因与非门2(下面的与非门)输出为0反馈到与非门1的输入端,封锁了与非门1(上面的与非门),双稳态电路的状态不会改变,输出保持为1,输出 Q 不会产生抖动的波形。当开关稳定到达 b 端时,因 a = 1,b = 0,使 Q = 0,双稳态电路状态发生翻转。当释放按键时,在开关未稳定到达 a 端时,因 Q = 0,封锁了与非门2,双稳态电路的状态不变,输出 Q 保持不变,消除了后沿的抖动波形。当开关稳定到达 a 端时,因 a = 0,b = 0,使 Q = 1,双稳态电路状态发生翻转,输出 Q 重新返回原状态。由此可见,键盘输出经双稳态电路之后,输出已变为规范的矩形方波。

(2)软件去抖法

当单片机第一次检测到某 I/O 口为低电平时,不是立即认定其对应按键按下,而是延时几十毫秒后再次检测该口电平。如果仍为低电平,说明该按键确实被按下,这实际上是避开了按键按下时的抖动时间。而在检测到按键释放后再延时几十毫秒，消除后沿抖动，然后再执行相应任务。一般情况下，即使不对按键释放的后沿进行处理，也能满足绝大多数场合的要求。

软件去抖法不需要增加元器件和硬件的开销，所以在单片机应用系统开发中应用较为普遍，本项目也采用软件去抖法。

3. 键盘的工作方式

按键所接引脚电平的高低可通过键盘扫描来判别，键盘扫描有两种方式：一种为 CPU 查询方式；另一种为定时器中断控制方式。本项目采用前者。

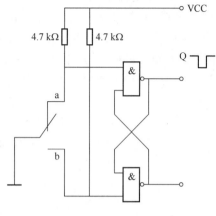

图 5-3　硬件去抖电路

二、数码管

数码管也称 LED 数码管，按段数可分为 7 段数码管和 8 段数码管，8 段数码管里面有 8 只发光二极管，七段数码管里面有 7 个发光二极管，8 段数码管比 7 段数码管多一个发光二极管，也就是多一个小数点（Dp），如图 5-4 所示。

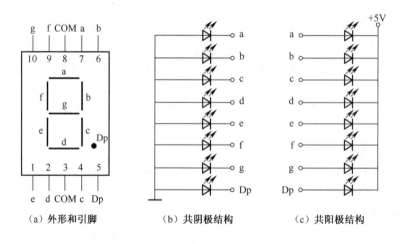

（a）外形和引脚　　　（b）共阴极结构　　　（c）共阳极结构

图 5-4　8 段数码管外形、引脚和结构

按发光二极管单元连接方式可分为共阳极数码管和共阴极数码管。共阳极数码管是指将所有发光二极管的阳极接到一起形成公共阳极（COM）的数码管，共阳极数码管在应用时应将公共极 COM 接到+5V，当某一字段发光二极管的阴极为低电平时，相应字段就点亮，当某一字段的阴极为高电平时，相应字段就不亮。共阴极数码管是指将所有发光二极管的阴极接到一起形成公共阴极（COM）的数码管，共阴极数码管在应用时应将公共极 COM 接到地线 GND 上，当某一字段发光二极管的阳极为高电平时，相应字段就点亮，当某一字段的阳极为低电平时，相应字段就不亮。

数码管公共端的点位控制操作称为位选，而其余引脚输入的电平组合为段选码，也称为

字形代码或笔形码。它的不同组合,便可得到不同的字形。图 5-4 所示为 8 段数码管的引脚,COM 为 8 个发光二极管的公共端,每个发光二极管对应数码管上的一段,由 a~g,Dp 表示,对应的 a~Dp 字代码正好是一个字节,对应关系如表 5-1 所示。

表 5-1　8 段数码管代码位与显示段对应关系

代码位	D7	D6	D5	D4	D3	D2	D1	D0
显示段	Dp	g	f	E	d	c	b	a

在应用中,只需将一个 8 位并行的笔形码送至数码管对应的引脚,同时把公共端接电源或接地(共阴数码管接地,共阳数码管接电源),即可使数码管显示相应的数字或字符。送入的笔形码不同,显示的数字或字符也不同,如表 5-2 所示。

表 5-2　数码管十六进制笔形码(小数点暗)

数字或字符	共阳数码管	共阴数码管	数字或字符	共阳数码管	共阴数码管
0	C0H	3FH	8	80H	7FH
1	F9H	06H	9	90H	6FH
2	A4H	5BH	A	88H	77H
3	B0H	4FH	b	83H	7CH
4	99H	66H	C	C6H	39H
5	92H	6DH	d	A1H	5EH
6	82H	7DH	E	86H	79H
7	F8H	07H	F	8EH	71H

项目描述

通电运行时,数码管显示"d";

当按下"正计数"键时,数码管显示 0 到 9,无其他键按下则循环显示;

当按下"倒计数"键时,数码管显示 9 到 0,无其他键按下则循环显示。

项目实施

一、硬件电路设计

本系统主要由单片机最小系统、两个独立式按键及数码管组成。如图 5-5 所示,P3.0、P3.1 口通过上拉电阻 R_3、R_4 与电源相接,使按键未按下时,P3.0 或 P3.1 口为高电平,而当按键按下时,P3.0 或 P3.1 口为低电平。

电路中所用元器件见表 5-3。

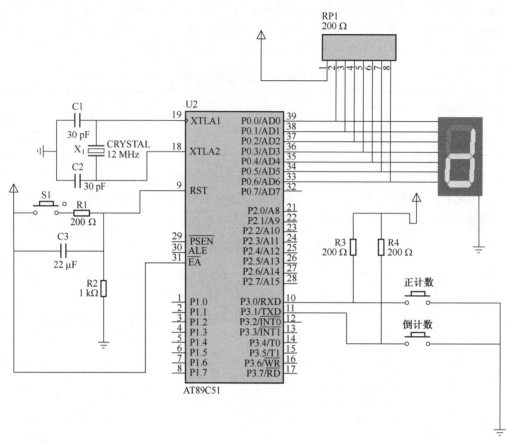

图 5-5　仿真电路

表 5-3　元器件配置表

名　称	型　号	数量	Proteus 中元器件名称
单片机	AT89C51	1	AT89C51
陶瓷电容	30 pF	2	CAP
电解电容	22 μF	1	CAP-ELEC
晶振	12 MHz	1	CRYSTAL
数码管	共阴，绿色	1	7SEG-COM-CAT-GRN
电阻	1 kΩ	1	RES
电阻	200 Ω	3	RES
排阻	200 Ω	1	RESPACK-7

二、软件设计

1. 程序流程

如图 5-6 所示，初始化后，判断是否有键被按下，如有，则延时，再确认是否仍有键按下，如果仍有，则说明此时已经历去抖，保存键值后等待按键松开，按键松开后，根据键值判断是

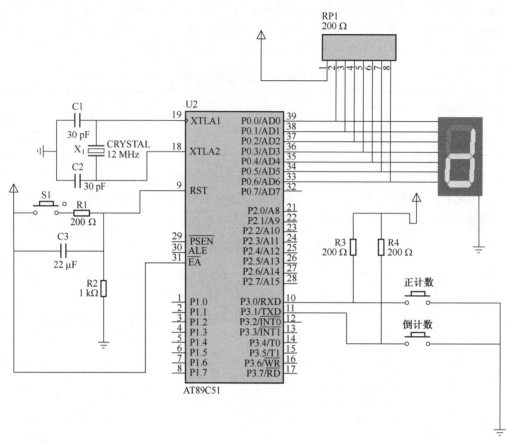

正计数键按下还是倒计数键按下,再运行对应的功能程序。

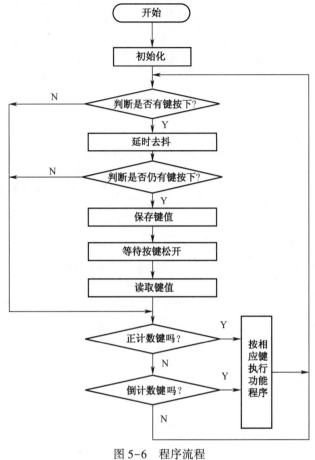

图5-6　程序流程

2. 程序设计

C语言程序代码如下:

```
1.#include  <reg51.h>
2.#define   uchar  unsigned  char
3.#define   uint   unsigned  int
4.uchar code LedCode[10]={0x3f,0x06,0x5b,0x4f,0x66,0x6d,0x7d,0x07,0x7f,
0x6f};
//共阴极数码管0~9的笔形码
5.//============延时1 ms子程序====================
6.void delay_1ms(uint x)
7.{
8.  uchar  j;                //定义局部变量
9.  while(x--)               //每循环一次,x值减1一次
10.     for(j=0;j<120;j++)
11.        ;                 //空语句循环体
12.}
```

```
13.// = = = = = = = = = = = = = = = = = = =主程序= = = = = = = = = = = = = = = = = = = =
14.void main()
15.{
16.  uchar key,keybak=0xff,i=0;
17.  P3=0XFF;
18.  P0=0X5E;
19.  while(1)
20.{
21.  key=P3;                        //读取键值
22.  key=key&0x03;                  //屏蔽无关位
23.  if(key!=0X03)                  //判断是否有键按下
24.  {
25.  delay_1ms(50);                 //延时去抖
26.  key=P3;
27.  key=key&0x03;
28.  if(key!=0X03)                  //确认是否仍有键按下
29.  keybak=key;                    //保存键值
30.  }
31.  while(key!=0x03)              //等待按键松开
32.  {
33.    key=P3;
34.    key=key&0x03;
35.  }
36.switch(keybak)                   //根据键值运行对应功能程序
37.  {
38.  case 0X02:                     //正计数
39.    for(i=0;i<10;i++)
40.  {
41.    P0=LedCode[i];
42.    delay_1ms(200);
43.  }
44.  break;
45.    case 0X01:                   //倒计数
46.    for(i=10;i>0;i--)
47.    {
48.      P0=LedCode[i-1];
49.      delay_1ms(200);
50.  }
51.  break;
52.    }
53.  }
54.}
```

三、调试与仿真

1. Proteus 与 Keil 联调

（1）按照项目二中 Proteus 与 Keil 联调的步骤（1）～（3）完成基本的软件设置。如果前面已经设置过一次，在此可以跳过。

（2）在 Proteus 中绘制仿真电路图并保存。

（3）在 Keil 中创建工程文件，选择芯片型号，进行属性设置，新建 C 语言程序文件，并该 C 程序文件中输入 C 语言程序，把该 C 语言程序添加到工程中，并进行编译，生成 .HEX 文件。

（4）打开仿真电路图文件，在 Proteus 的"Debug"菜单中选择"Use Remote Debug Monitor"。双击单片机，在弹出对话框的"Program File"选项中，导入在 Keil 中生成的 HEX 文件。

（5）在 Keil 中打开工程文件，打开窗口"Option for Target'target1'..."。在 Debug 选项中右栏上部的下拉菜单单击"Proteus VSM Simulator"命令打开"Settings"窗口，设置 IP 为127.0.0.1，端口号为 8000。

（6）在 Keil 中选择"Debug-Start/Stop Debug Session"，进入调试状态，在 Proteus 中按下正计数键，在 Keil 中按【F5】键，查看是否按正计数规律显示数字。如不是，则可用断点运行的方式查找故障点，修改程序或电路，重新编译直至正确。

（7）同样，按下倒计数键，在 Keil 中按【F5】键，查看是否按倒计数规律显示数字。如不是，则可用断点运行的方式查找故障点，修改程序或电路，重新编译直至正确。

2. Proteus 仿真

（1）用 Proteus 打开已绘制好的电路仿真图，并将最后调试完成的程序重新编译生成新的 .HEX 文件导入 Proteus 中。

（2）在 Proteus ISIS 编辑窗口中单击 ▶ 按钮，未按键时数码管显示"d"，如图 5-7 所示。

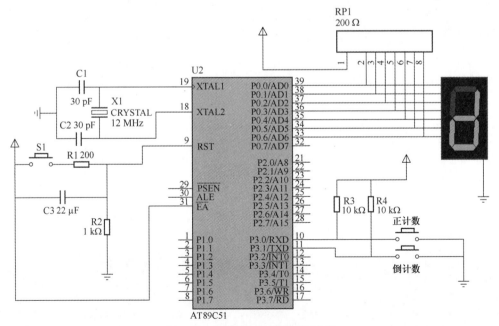

图 5-7　未按键时数码管显示"d"

（3）按下正计数键,数码管显示 0 到 9,无其他键按下则循环显示。

（4）按下倒计数键,数码管显示 9 到 0,无其他键按下则循环显示。

项目小结

本项目主要介绍了独立式按键的接口电路、按键的去抖法及数码管的工作原理,给出了独立式按键控制数码管的仿真电路、程序流程和 C 语言源程序代码。

习题

操作题

在上例基础上进行修改,设计电路和程序,使其实现如下功能:

通电时,数码管显示"E";

按"偶数键",依次循环显示 0、2、4、6、8;

按"奇数键",依次循环显示 1、3、5、7、9。

（1）进行单片机应用电路分析,并完成 Proteus 仿真电路图的绘制。

（2）根据任务要求进行单片机控制程序流程和程序设计思路分析,画出程序流程图。

（3）在 Keil 中进行源程序的编写与编译工作。

（4）在 Proteus 中进行程序的调试与仿真工作,最终完成实现上述功能。

单片机应用技术项目化教程（C 语言版）

项目六

2×2矩阵键盘指示灯控制

学习目标

(1) 理解并掌握矩阵键盘接口电路及按键识别方法;
(2) 学会使用 C 语言进行复杂 I/O 口控制程序的分析与设计;
(3) 熟练使用 Keil μVision4 与 Proteus 软件。

相关知识

一、矩阵键盘概述

矩阵键盘电路又称为行列键盘,它是用 N 条 I/O 线作为行线,用 M 条 I/O 线作为列线所组成的键盘,在行线和列线的每个交叉点上设置一个按键,这样就可以构成一个 $N×M$ 个按键的键盘。

项目中所采用的是一个 2×2 式的键盘,如图 6-1 所示,其中 P1.0、P1.1 接矩阵键盘的行,P1.2、P1.3 接矩阵键盘的列,为了提高电路的可靠性,图中行列线上均接有一个上拉电阻。

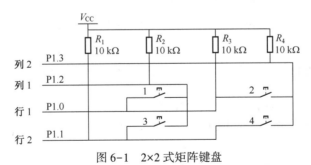

图 6-1　2×2 式矩阵键盘

二、按键的识别

为了识别矩阵键盘上的闭合键,通常可采用两种方法:行扫描法和行反转法。这里只介绍扫描法。下面以 2×2 式矩阵键盘为例说明其步骤。

(1) 对 P1 口赋值 0xFE,将第一行的接口设为低电平,其余各接口设为高电平,如图 6-2 所示。

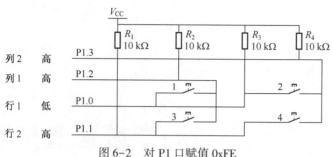

图 6-2　对 P1 口赋值 0xFE

（2）读入 P1 口数据，与 0xFE 进行比较是否相等，若相等则第一行中无按键按下；若不相等则第一行中有按键按下，如图 6-3 所示。当判断有按键按下后，再次分析读入的数据，若数据等于 0xFA 则是第一行第一列按键被按下；若数据等于 0xf6，则是第一行第二列按键按下。

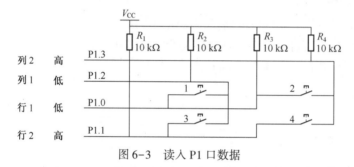

图 6-3　读入 P1 口数据

（3）若第一行扫描完毕，对 P1 口重新赋值 0xFD，将第二行的接口设为低电平，其余各接口设为高电平，与第一行扫描的处理方法类似，在此不详细说明。

项目描述

当系统上电运行工作时，初始状态所接的 4 个 LED 全部熄灭；当键盘中的某一个按键被按下后，点亮对应的 LED，实现按键指示灯的功能。

项目实施

一、硬件电路设计

如图 6-4 所示，整个电路主要由单片机最小系统、矩阵键盘电路及 LED 电路组成。矩阵键盘电路由 4×4 矩阵键盘及排阻 RP1 组成，排阻 RP1 由 4 个阻值相同并且一端相连的电阻组成。排阻 RP1 起上拉电阻的作用。

所用元器件见表 6-1 所示。程序流程图如图 6-5 所示。

二、软件设计

1. 程序流程

初始化后，首先判断是否有按键被按下，延时去抖后再次判断是否仍有按键被按下，如果仍有，说明已避开抖动时间，接着输出第一行扫描信号，判断第一行第一列的按键是否被按下,如果不是,则判断第一行第二列的按键是否被按下,如果也不是,则输出第二行扫描信号,判断第二行第一列的按键是否被按下,如果不是,则判断第二行第二列的按键是否被按下。

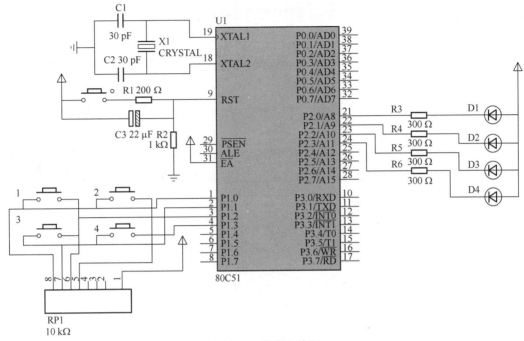

图 6-4 仿真电路图

表 6-1 元器件配置表

名　　称	型　　号	数量	Proteus 中元器件名称
单片机	80C51	1	80C51
陶瓷电容器	30 pF	2	CAP
电解电容器	22 μF	1	CAP-ELEC
晶振	12 MHz	1	CRYSTAL
发光二极管	黄色	4	LED-YELLOW
电阻器	1 kΩ	1	RES
电阻器	200 Ω	3	RES
电阻器	300 Ω	4	RES
排阻	10 kΩ	1	RESPACK-7
按键		4	BUTTON

按键识别出来后,计算键值,并根据键值运行对应程序,使对应 LED 亮。

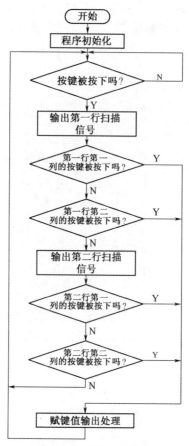

图 6-5　程序流程图

2. 程序设计

C 语言源程序代码：

```
1.// = = = = = = = = = = = = LED 按键指示灯控制 = = = = = = = = = = = = = = = =
2.// = = = = = = = = = = = = = = = = = = = = = = = = = = = = = = = = = = = = = = = =
3.#include <regx51.h>              //加入头文件
4.#define uchar unsigned char      //宏定义
5.#define uint unsigned int
6.uchar y;                         //定义全局变量用于存储键值
7.// = = = = = = = = = = = = = = = = = = = = = = = = = = = = = = = = = = = = = = = =
8.//函数名:ce_anjian( )
9.//功能:检测是否有按键被按下,并返回信息
10.//调用函数:无
11.//输入参数:无
12.//输出参数:key
13.//说明:有按键被按下,key=1;无按键被按下,key=0;
14.// = = = = = = = = = = = = = = = = = = = = = = = = = = = = = = = = = = = = = = =
15.bit ce_anjian( )
```

```
16. }
17.     bit key = 0;                        //定义局部变量
18.     P1 = 0xf3;                          //输出扫描信号,将行置高电平,将列置低电平
19.     if(P1! = 0xf3)                      //读入 P1 口数据,与扫描信号比较判断是否有按键被按下
20.         key = 1;                        //如果有按键被按下,key 赋值为 1
21.     else
22.         key = 0;                        //如果没有按键被按下,key 赋值为 0
23.     return(key);                        //返回 key 值
24. }
25. // = = = = = = = = = = = = = = = = = = = = = = = = = = = = = = = = = = = = = = = =
26. //函数名:delay_ys( )
27. //说明:延时时间约为 15ms 的子程序
28. // = = = = = = = = = = = = = = = = = = = = = = = = = = = = = = = = = = = = = = = =
29. void doudong_ys( )
30. {
31.     uchar i,j;                          //定义局部变量,只限于对应子程序中使用
32.     for(i = 0;i<30;i++);                 //for 循环执行空操作来达到延时
33.     for(j = 0;j<248;j++);
34. }
35. // = = = = = = = = = = = = = = = = = = = = = = = = = = = = = = = = = = = = = = = =
36. //函数名:ce_jianzhi ( )
37. //功能:测按键值并去除按键按下和按键释放时的抖动
38. //调用函数:doudong_ys();ce_anjian();
39. //输入参数:无
40. //输出参数:无
41. //说明:键值 y = i * 2+j+1;
42. // = = = = = = = = = = = = = = = = = = = = = = = = = = = = = = = = = = = = = = = =
43. void ce_jianzhi ( )
44. {
45.     uchar i,j,p;                        //定义局部变量
46.     do
47.     {
48.         while(ce_anjian()= =0);          //是否有按键被按下?若按键没有被按下,等待
49.                                          //若按键按下,则返回值为1,则继续往下执行
50.         doudong_ys();                    //调用去抖延时子程序
51.     }while(ce_anjian()= =0);             //再次判断是否有按键被按下?若没有按下,返回0
52.     for(i = 0;i<2;i++)
53.         {
54.         P1 = (0xfe<<i)|i;                //循环扫描输出行扫描信号
55.         for(j = 0;j<2;j++)
56.             {
57.             p = P1&0x0c;                 //读取并保留键盘的列数据,其余清 0
```

```
58.    if(p==0x08>>j)              //是否有1或2列按键被按下?
59.      {
60.        y=i*2+j+1;              //计算键值
61.      goto D1;                  //跳出循环,使程序跳转至D1
62.      }
63.}
64.}
65.D1: doudong_ys();               //调用去抖延时子程序
66.  do
67.  {
68.      while(ce_anjian()==1);    //判断按键是否被释放,若按键没有被释放,继续判断
69.                                //若按键被释放,返回值为0,则继续往下执行
70.      doudong_ys();             //调用去抖延时子程序
71.  }while(ce_anjian()==1);       //再次判断是否释放,若按键没有被释放,继续判断
72.}
73.//================主函数====================
74.void main()
75.{
76.  while(1)                      //主程序无限循环执行
77.  {
78.    if(ce_anjian()==1)          //快速判断是否有按键被按下
79.    {
80.      ce_jianzhi();             //若有按键被按下,则测键值
81.      switch(y)
82.      {
83.        case 1:P2=0xfe;break;   //键值为1,则P2口赋值0xfe,点亮P2.0LED
84.        case 2:P2=0xfd;break;   //键值为2,则P2口赋值0xfd,点亮P2.1LED
85.        case 3:P2=0xfb;break;   //键值为3,则P2口赋值0xfb,点亮P2.2LED
86.        case 4:P2=0xf7;break;   //键值为4,则P2口赋值0xf7,点亮P2.3LED
87.        default: break;
88.      }
89.    }
90.}
91.}
```

C语言程序说明：

（1）序号3：在程序开头加入头文件"regx51.h"。

（2）序号4~5：define 宏定义处理,用 uchar 和 uint 分别代替 unsigned char 和 unsigned int,便于后续程序书写方便简洁。

（3）序号6：定义全局变量 y,用作存储各程序间共用变量键值。

（4）序号15：定义函数 ce_anjian( ),用作快速检测是否有按键被按下。每调用一次函数都会返回一个位变量 key,有按键被按下 key=1;无键被按下 key=0。

（5）序号18～19,先输出扫描信号,将行置高电平,将列置低电平。再读入P1口数据,与0xf3比较是否相等,若相等则无按键被按下,若不相等则有按键被按下。

（6）序号23:将key变量的值返回,便于后续程序判断执行。

（7）序号15～24:快速检测是否有按键被按下的子函数,并返回是否有按键被按下的信息,有键被按下key=1;无键被按下key=0。

（8）序号29～34:去抖延时函数,延时的时间约为15ms。

（9）序号46～51:为消除按键被按下时按键抖动的影响,延时去抖。

（10）序号52:用于循环控制输出每行的扫描信号,进行行扫描。

（11）序号54:当i=0时,P1口输出0xfe扫描第一行,当i=1时,P1口输出0xfd扫描第二行。如果键盘有三行以上时,本条语句无法实现循环输出行扫描信号,需在for循环之上增加一个中间变量x=0xfe;并将本语句替换为if(i!=0)x=x<<1|0x01;P1=X。

（12）序号57:将P1口的列数据保留,其余位清0。

（13）序号58:循环判断是哪一列有按键被按下,当j=0时,判断第一列是否有按键被按下,当j=1时判断第二列是否有按键被按下。

（14）序号60:若判断出有按键被按下,则计算按键值。

（15）序号61:当判断出哪行哪列有按键被按下并计算出按键值后,退出循环,跳转至D1处运行程序。

（16）序号65～71:为消除按键释放时抖动的影响,延时去抖。

（17）序号78:调用检测是否有键按下函数,并判断其返回值是否等于1。若值等于1,则调用测按键值函数将按键值计算出来。

（18）序号81～88:根据计算出的键值,赋值P2点亮对应的LED。

三、调试与仿真

1. Proteus 与 Keil 联调

（1）按照项目二中Proteus与Keil联调的步骤(1)～(3)完成基本的软件设置。如果前面已经设置过一次,在此可以忽略。

（2）在Proteus中绘制仿真电路图并保存。

（3）在Keil中创建工程文件,选择芯片型号,进行属性设置,新建C语言程序文件,并该C程序文件中输入C语言程序,把该C语言程序添加到工程中,并进行编译,生成.HEX文件。

（4）打开仿真电路图文件,在Proteus的"Debug"菜单中选择"Use Remote Debug Monitor"。双击单片机,在弹出对话框的"Program File"选项中,导入在Keil中生成的HEX文件。

（5）在Keil中打开工程文件,打开窗口"Option for Target'target1'..."。在Debug选项中右栏上部的下拉菜单选择"Proteus VSM Simulator"命令,打开"Settings"窗口,设置IP为127.0.0.1,端口号为8000。

（6）在Keil中选择"Debug–Start/Stop Debug Session",进入调试状态,按【F5】键,在Proteus中逐一按1号、2号、3号、4号按键,检查是否可点亮对应的LED,如不亮,则设置断点,采用断点运行的方法,查找故障点,修改程序,重新编译,直至正确。

2. Proteus 仿真

（1）用 Proteus 打开已绘制好的电路仿真图，并将最后调试完成的程序重新编译生成新的 .HEX 文件导入 Proteus 中。

（2）在 Proteus ISIS 编辑窗口中单击 ▶ 按钮，按 1 号键后第一个 LED 亮，如图 6-6 所示。

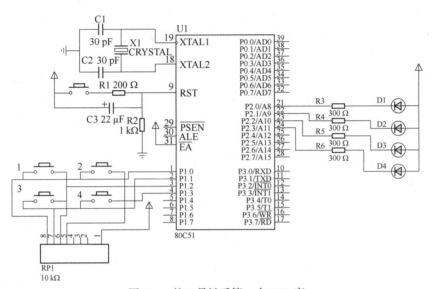

图 6-6　按 1 号键后第一个 LED 亮

（3）逐一按 2 号、3 号、4 号键，可以分别看到对应的发光二极管亮。

项目小结

本项目主要介绍了矩阵键盘的基本知识和矩阵键盘按键的识别，给出了 2×2 矩阵键盘指示灯控制的仿真电路、程序流程和 C 语言源程序代码。

习题

操作题

在上述基础上，把矩阵键盘改成 2×4（2 行 4 列），LED 发光管也由 4 个改成 8 个，其余不变，设计电路和程序，实现按键指示灯的功能。

要求如下：

（1）进行单片机应用电路分析，并完成 Proteus 仿真电路图的绘制。

（2）根据任务要求进行单片机控制程序流程和程序设计思路分析，画出程序流程图。

（3）在 Keil 中进行源程序的编写与编译工作。

（4）在 Proteus 中进行程序的调试与仿真工作，最终完成实现上述功能。

项目七

简易水情报警器的设计

学习目标

(1)熟悉单片机中断系统的结构与功能;
(2)掌握外部中断的编程与控制方法;
(3)熟练掌握数码管显示接口电路及其程序实现方法;
(4)熟练使用 Keil 与 Proteus 软件。

相关知识

一、中断概述

1. 什么是中断

以生活中的实例来说明什么是中断:当我们在家扫地的时候,电话铃响了,这时就暂停扫地去接电话,接完电话后,又从刚才被打断的地方继续扫地。扫地时被打断过一次的这一过程称为中断,而引起中断的原因,即中断的来源。就称为中断源。

当有多个中断同时发生时,计算机同时进行处理是不可能的,只能按照事情的轻重缓急一一处理,这种给中断源排队的过程,称为中断优先级设置。

如果不想理会某个中断源,就可以将它禁止掉,不允许它引起中断,这称为中断禁止,比如将电话线拔掉,以拒绝接听电话。只有将这个中断源打开,即中断允许,它所引起的中断才会被处理。

中断是指计算机在执行某一程序的过程中,由于计算机系统内外的某种原因,而必须中止原程序的执行,转去执行相应的处理程序,待处理结束之后,再回来继续执行被中止的原程序的过程,如图7-1 所示。

采用了中断技术后的单片机,可以解决 CPU 与外设之间速度匹配的问题,使单片机可以及时处理系统中许多随机的参数和信息,同时,它也提高了单片机处理故障与应变的能力。

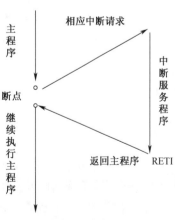

图 7-1 中断过程

能发出中断请求,引起中断的外设或事件称为中断源。51 系列单片机的中断源共有 5 个,分别为:

·INT0:外部中断 0,中断请求信号由 P3.2 输入。

·$\overline{INT1}$:外部中断 1,中断请求信号由 P3.3 输入。

·T0:定时/计数器 0 溢出中断,对外部脉冲计数由 P3.4 输入。

·T1:定时/计数器 1 溢出中断,对外部脉冲计数由 P3.5 输入。

·串行中断:包括串行接收中断 RI 和串行发送中断 TI。

以上 5 个中断源中除了 INT0 和 INT1 为外部中断源,其余 3 个为内部中断源。

2. 中断优先级

中断优先级越高,则响应优先权就越高。当 CPU 正在执行中断服务程序时,又有中断优先级更高的中断申请产生,这时 CPU 就会暂停当前的中断服务转而处理高级中断申请,待高级中断处理程序完毕再返回原中断程序断点处继续执行,这一过程称为中断嵌套。

3. 中断响应的过程

(1)在每条指令结束后,系统都自动检测中断请求信号,如果有中断请求,且 CPU 处于开中断状态下,则响应中断。

(2)保护现场,在保护现场前,一般要关中断,以防止现场被破坏。保护现场一般是用堆栈指令将原程序中用到的寄存器推入堆栈。

(3)中断服务,即为相应的中断源服务。

(4)恢复现场,用堆栈指令将保护在堆栈中的数据弹出来,在恢复现场前要关中断,以防止现场被破坏。在恢复现场后应及时开中断。

(5)返回,此时 CPU 将推入堆栈的断点地址弹回到程序计数器,从而使 CPU 继续执行刚才被中断的程序。

二、外部中断

与外部中断有关的控制寄存器有定时和外中断控制寄存器 TCON 、中断允许控制寄存器 IE 和中断优先级控制寄存器 IP。

1. 定时和外中断控制寄存器 TCON

TCON 的各位的位名称、位地址如表 7-1 所示。

表 7-1　TCON 寄存器各位的位名称、位地址

位序号	D7	D6	D5	D4	D3	D2	D1	D0
位名称	TF1	TR1	TF0	TR0	IE1	IT1	IE0	IT0
位地址	8FH	8EH	8DH	8CH	8BH	8AH	89H	88H

IT0:外部中断 0 触发方式控制位。靠软件来设置或清除,以控制外部中断 0 的触发类型。IT0=1 时是下降沿触发,IT0=0 时,是低电平触发。

IE0:外部中断 0 中断请求标志.检测到 P3.2 引脚上出现的外部中断信号有效时,由硬件置位,请求中断。进入中断服务后被硬件自动清除。

IT1:外部中断 1 触发方式控制位。靠软件来设置或清除,以控制外部中断 1 的触发类

型。IT1 = 1 时是下降沿触发,IT1 = 0 时,是低电平触发。

IE1:外部中断 1 中断请求标志位.检测到 P3.3 引脚上出现的外部中断信号有效时,由硬件置位,请求中断。进入中断服务后被硬件自动清除。

其余四位与外部中断无关,这里暂不阐述。

2. 中断允许控制寄存器 IE

IE 各位的位名称、位地址如表 7-2 所示。

表 7-2　IE 寄存器各位的位名称、位地址

位序号	D7	D6	D5	D4	D3	D2	D1	D0
位名称	EA	—	—	ES	ET1	EX1	ET0	EX0
位地址	AFH	AEH	ADH	ACH	ABH	AAH	A9H	A8H

EA:CPU 中断允许控制位。EA = 1 时,CPU 开中;EA = 0 时,CPU 关中,且屏蔽所有 5 个中断源。

EX0:外部中断 0 中断允许控制位。EX0 = 1 时,外部中断 0 开中断;EX0 = 0 时,外部中断 0 关中断。

EX1:外部中断 1 中断允许控制位。EX1 = 1 时,外部中断 1 开中断;EX1 = 0 时,外部中断 1 关中断。

D5、D6 位为无关位。

需要说明的是,51 系列单片机对中断实行两级控制,总控制位是 EA,每一中断源还有各自的控制位对该中断源开中或关中。首先要 EA = 1,其次还要自身的控制位置 1。

3. 中断优先级控制寄存器 IP

MCS-51 单片机有 5 个中断源,划分为两个中断优先级,即高优先级和低优先级。每个中断优先级可以通过中断优先级控制寄存器 IP 中相应位来设定。对应位置"1"表示将该中断设为高优先级,对应位清"0"表示将该中断设为低优先级。IP 寄存器如表 7-3 所示。

表 7-3　IP 寄存器各位的位名称、位地址及中断源

IP	D7	D6	D5	D4	D3	D2	D1	D0
位名称	—	—	—	PS	PT1	PX1	PT0	PX0
位地址	—	—	—	BCH	BBH	BAH	B9H	B8H
中断源	—	—	—	串行口	T1	/INT1	T0	/INT0

(1)PX0:INT0 中断优先级控制位。PX0 = 1,为高优先级;PX0 = 0,为低优先级。

(2)PX1:INT1 中断优先级控制位。控制方法同上。

(3)PT0:T0 中断优先级控制位。控制方法同上。

(4)PT1:T1 中断优先级控制位。控制方法同上。

(5)PS:串行口中断优先级控制位。控制方法同上。

D5、D6、D7 位为无关位。

如置 5 个中断源全部为高优先级,就等于不分优先级。

MCS-51 单片机的中断优先级有三条原则:

(1)正在进行的中断过程不能被新的同级或低优先级的中断请求所中断;

（2）正在进行的低优先级中断服务，能被高优先级中断请求所中断（中断嵌套）；

（3）CPU 同时接收到几个中断时，首先响应优先级别最高的中断请求。如果是几个同一优先级别中断同时出现，则 CPU 将按其中断入口地址从小到大顺序（又称自然优先级）确定该响先应哪个中断请求，其顺序如表 7-4 所示。

表 7-4　同级中断优先级响应顺序关系表

中断源	中断源标志	中断入口地址	自然优先级顺序
外部中断 0	IE0	0003H	高
定时/计数器 0	TF0	000BH	↓
外部中断 1	IE1	0013H	↓
定时/计数器 1	TF1	001BH	↓
串行口	RI 或 TI	0023H	低

综上所述，MCS-51 单片机中断系统各寄存器结构关系如图 7-2 所示。

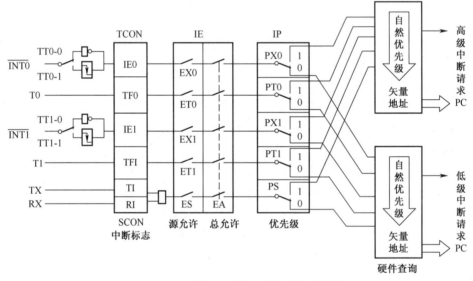

图 7-2　MCS-51 单片机中断系统各寄存器结构关系

⏳ **项目描述**

在单片机的控制作用下，通过 P3.2 和 P3.3 外接两个按键来模拟水位检测传感器输出信号。其中，P3.2 连接的按键模拟水位下降信号。水位报警等级分为 4 级，分别由数码管显示 A～D 字符和蜂鸣器鸣叫频率快慢来表示，按键每按下一次水位报警等级会相应变化一次，其主要控制要求如下：

（1）在单片机上电开始运行工作时，数码管显示"－"，蜂鸣器不叫，表示水位没有危险。

（2）当 S2 按键按下一次，以中断方式提供水位上涨信号一次，模拟报警等级升高一级，但最高级只能升高到 D 级。

（3）当 S3 按键按下一次，以中断方式提供水位下降信号一次，模拟报警等级下降一级，最低状态为无危险状态。

一、硬件电路设计

如图 7-3 所示,该电路主要由单片机最小系统、1 位共阴极数码管、蜂鸣器电路及两个按键等组成。当 P3.0 口为低电平时,PNP 三极管导通,蜂鸣器鸣叫;当 P3.0 为高电平时,PNP三极管截止,蜂鸣器不叫。因此只要控制单片机 P3.0 口的电平,就可以控制蜂鸣器鸣叫或不叫。所用元器件如表 7-5 所示。

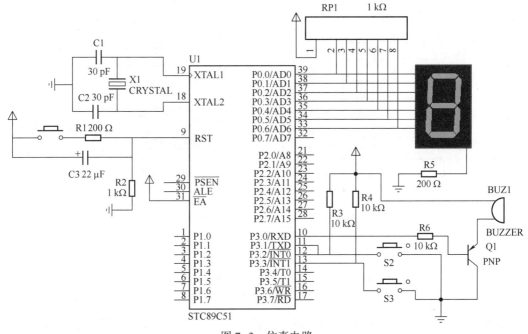

图 7-3 仿真电路

表 7-5 元器件配置表

名　　称	型　号	数　量	Proteus 中元器件名称
单片机	STC89C51	1	STC89C51
陶瓷电容	30 pF	2	CAP
电解电容	22 μF	1	CAP-ELEC
晶振	12 MHz	1	CRYSTAL
数码管	共阴,红色	4	LED-RED
电阻	1 kΩ	1	RES
电阻	10 kΩ	3	RES
排阻	1 kΩ	1	RESPACK-7
按键		3	BUTTON
三极管	PNP	1	PNP
蜂鸣器		1	BUZZER

对于单片机系统来说，水情的发生是外部突发事件，对突发事情要实时得到响应，可利用单片机的外部中断来实现。S2 键按下模拟水情危险等级升高一级，作为外部中断 0，S3 键按下模拟水情危险等级降低一级，作为外部中断 1。

二、软件设计

1. 程序流程

程序流程如图 7-4 所示。

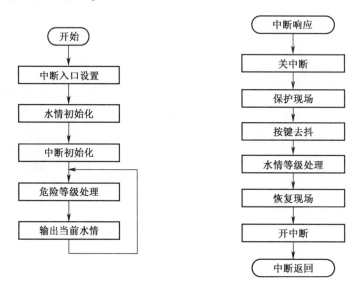

（a）主程序流程　　　　（b）外部中断0和1的中断服务子程序流程

图 7-4　程序流程

如图 7-4 所示，主程序完成初始化处理后，就一直运行于由危险等级处理和当前水情输出环节构成的循环中。当发生水情后，CPU 转去执行中断服务子程序，即关闭中断，保护现场，按键去抖，进行水情等级值的修改（升高或降低），再恢复现场，开中断，返回主程序。

2. 程序设计

C 语言源程序代码如下：

```
1.#include<reg51.h>
2.#define uchar unsigned char
3.#define uint unsigned int
4.uint temp=0;
5.//=============数组，用于存放显示字符A~D==========
6.uchar code tab[5]={0x40,0x77,0x7c,0x39,0x5e};//字符-和A~D
7.//===============延时函数=============
8.//函数名:delay(int x)
9.//输入参数:x
10.//=============================
11.void delay(uint x)
```

```
12. {
13.    uchar j;                              //定义局部变量
14.    while(--x)
15.      for(j=0;j<254;j++);
16. }
```

```
17. //==========程序初始化================
18.    void Init(void)
19.      {
20.        EA=1;                            //打开总中断
21.        EX0=1;                           //打开 INT0 外部中断
22.        EX1=1;                           //打开 INT1 外部中断
23.        IT1=1;                           //设置 INT1 触发方式为负跳变触发
24.        IT0=1;                           //设置 INT0 触发方式为负跳变触发
25.      }
26. //==========主函数====================
27.    void main()
28.    {
29.     Init();
30.     while(1)                            //无限循环
31.      {
32.        P0=tab[temp];                    //输出相应字符段码
33.        switch(temp)                     //根据水情等级来选择闪烁速度
34.        {
35.          case 1:P3_0=0;delay(500);P3_0=1; delay(500);break;
36.          case 2:P3_0=0;delay(350);P3_0=1; delay(350);break;
37.          case 3:P3_0=0;delay(200);P3_0=1; delay(200);break;
38.          case 4:P3_0=0;delay(50);P3_0=1; delay(50);break;
39.          default:break;
40.        }
41.      }
42. }
43.    //==========外部中断 0 服务子程序===========
44.    //使用工作寄存器组 1
45.    //====================================================
46. void  int_0() interrupt 0 using 1    //interrupt 0 表明该函数为外部中断
47.                                       //0 的中断函数,用工作寄存器组 1
48. {
49.     EA=0;                             //关闭总中断
50.     delay(255);                       //防抖动延时
51.     temp++;                           //水情等级升高 1 级
52.     if(temp==5)                       //若超出总等级
53.        temp=4;                        //则重新赋值最高等级 04H
```

```
54.        EA = 1;                           //开总中断
55.    }
56.    // = = = = = = = = = = = = = = =外部中断1服务子程序= = = = = = = = =
57.    //使用工作寄存器组1
58.    // = = = = = = = = = = = = = = = = = = = = = = = = = = = = = = = = = = = = =
59.    void int_1( ) interrupt 2 using 1    //表明该函数为外部中断2的
60.                                         //中断函数,用工作寄存器组1
61.    {
62.        EA = 0;                          //关闭总中断
63.        delay(255);                      //防抖动延时
64.        if(temp>0)                       //是否处于无危险状态
65.        {
66.         temp--;                         //水情等级降低1级
67.        }
68.         EA = 1;                         //开总中断
69.    }
```

C 语言程序说明：

（1）序号 1：在程序开头加入头文件"reg51. h"。

（2）序号 2~3：define 宏定义处理,用 uchar 和 uint 代替 unsigned char 和 unsigned int,便于后续程序书写方便简洁。

（3）序号 4：定义变量 temp 为无符号型字符全局变量,用于存放水情等级。

（4）序号 6：定义一个数组 tab,用来存放字符-和 A~D,code 表明该数组存放于程序存储器,无法在程序中改变其数组元素。

（5）序号 11~16：带参数的延时函数 delay。

（6）序号 18~25：中断初始化子函数,用于打开总中断、打开两个外部中断并且设置中断触发方式为边缘触发。

（7）序号 33~40：根据水情等级来选择数码管闪烁和蜂鸣器鸣叫的频率。

（8）序号 46：定义外部中断 0 函数,并使用工作寄存器组1。

（9）序号 50：进行中断防抖动延时,进入中断后,先延时一段时间防止退出中断后,中断信号依然存在使退出中断后又进入中断。

（10）序号 51~53：中断服务程序段,将水情等级升高一级。

（11）序号 59~69：外部中断 1 程序,与外部中断 0 程序类似。

三、调试与仿真

1. Proteus 与 Keil 联调

（1）按照项目二中 Proteus 与 Keil 联调的步骤（1）~（3）完成基本的软件设置。如果前面已经设置过一次,在此可以跳过忽略。

（2）在 Proteus 中绘制仿真电路图并保存。

（3）在 Keil 中创建工程文件,选择芯片型号,进行属性设置,新建 C 语言程序文件,并该 C 程序文件中输入 C 语言程序,把该 C 语言程序添加到工程中,并进行编译,生成 HEX 文件。

（4）打开仿真电路图文件，在 Proteus 的"Debug"菜单中选择"Use Remote Debug Monitor"。双击单片机，在弹出对话框的"Program File"选项中，导入在 Keil 中生成的 HEX 文件。

（5）在 Keil 中打开工程文件，打开窗口"Option for Target'target1'..."。在 Debug 选项中右栏上部的下拉菜单选择"Proteus VSM Simulator"命令，打开"Settings"窗口，设置 IP 为 127.0.0.1，端口号为 8000。

（6）在 Keil 中选择"Debug-Start/Stop Debug Session"，使用单步运行来调试程序，同时在 Proteus 中查看直观的仿真结果。

当两键都没有按下时，程序在主程序中不断循环，直到有按键被按下进入中断。

由于单步运行是让程序执行完一条指令后停下，无法检测到有中断请求。所以，此时先在中断子程序中设置一个断点，然后全速运行程序，单击按键，使程序进入中断断点处停止运行。

2. Proteus 仿真

（1）用 Proteus 打开已绘制好的电路仿真图，并将最后调试完成的程序重新编译生成新的 .HEX 文件导入 Proteus 中。

（2）在 Proteus ISIS 编辑窗口中单击▶按钮，在没有键按下时，数码管显示"-"，蜂鸣器不叫，表示水位没有危险，如图 7-5 所示。

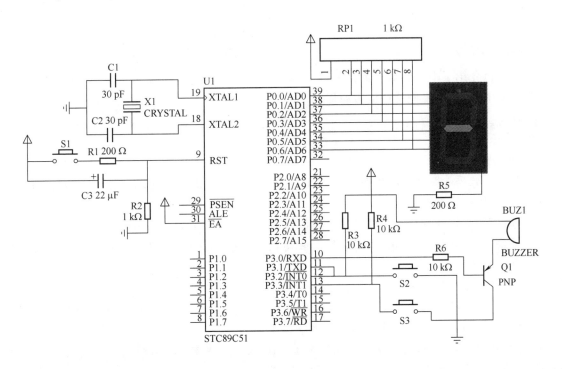

图 7-5 仿真结果一

（3）当 S2 键按下一次，以中断方式提供水位上涨信号一次，模拟报警等级升高一级，但最高级只能升高到 D 级。当 S3 按键按下一次，以中断方式提供水位下降信号一次，模拟报警等级下降一级,最低状态为无危险状态,如图 7-6 所示。

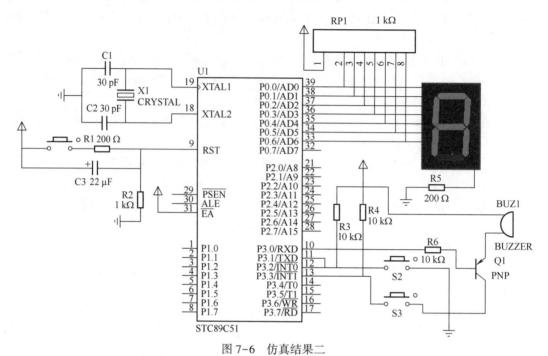

图 7-6 仿真结果二

 项目小结

本项目介绍了中断的基本知识及与外部中断有关的控制寄存器,给出了简易水情报警器的仿真电路、程序流程及 C 语言源程序代码。

习题

操作题

将一位数码管连接到单片机的一个“I/O”口,采用外部中断的方式实现如下功能,即通电运行时,数码管显示“0”;

每按下“正计数”键一次,数码管显示值加1,至9后再按一次则又显示0,以此类推;

每按下“倒计数”键一次,数码管显示值减1,至0后再按一次则又显示9,以此类推。

要求如下:

(1)进行单片机应用电路分析,并完成 Proteus 仿真电路图的绘制。

(2)根据任务要求进行单片机控制程序流程和程序设计思路分析,画出程序流程图。

(3)在 Keil 中进行源程序的编写与编译工作。

(4)在 Proteus 中进行程序的调试与仿真工作,最终完成实现上述功能。

项目八

10 s秒表的设计

项目八 10 s秒表的设计

学习目标

(1)掌握定时/计数器的工作原理;

(2)掌握定时中断的实现方法;

(3)掌握用定时器中断方式实现 10 s秒表的软硬件设计方法。

相关知识

一、定时/计数器概述

在单片机应用系统中,经常需要延时,延时常用的方法有软件延时、硬件延时及定时/计数器延时。软件延时就是让 CPU 执行一段延时子程序来进行延时,它不需要增加额外硬件,时间比较精确,但是占用 CPU 时间,降低了 CPU 的利用率。硬件延时通过增加独立硬件电路实现延时功能。如采用 555 定时电路,这种方法有额外硬件开销,延时时间容易漂移,且电路一旦连接好后,延时值不能修改,应用的灵活性受到限制。定时/计数器延时则是结合了上述两种方法的优点,其工作方式灵活、编程简单、使用方便,除了可用来延时,还可用来实现定时控制、频率测量、脉宽测量、信号发生、信号检测及作为串口通信中波特率发生器等。

51 系列单片机内部有两个 16 位的定时/计数器 T0 和 T1,T0 和 T1 的核心是计数器,其基本功能是加 1。T0 和 T1 都有两种工作模式,即计数器工作模式和定时器工作模式。

1. 计数器工作模式

对外来脉冲进行计数,T0(P3.4)和 T1(P3.5)为计数脉冲输入端,等计数输入引脚的脉冲发生下降沿时,计数器加 1,每来一个脉冲计数器加 1,当加到计数器为全 1(即 FFFFH)时,再输入一个脉冲就使计数器回零,且计数器的溢出使 TCON 的 TF0(T0)或 TF1(T1)置 1,表示计数已满,并向 CPU 发出中断请求(定时器/计数器中断允许时)。

2. 定时器工作模式

对周期性的片内脉冲计数,计数的脉冲周期就是一个机器周期,计数一定脉冲数,则对应的时间固定,从而达到定时功能。如机周为 1 μs,则计数的脉冲周期即为 1 μs,计数的脉冲周期乘以计数值即为定时时间。同计数模式一样,当定时器对内部脉冲每来一个脉冲计数器加 1,当加到计数器为全 1(即 FFFFH)时,再输入一个脉冲就使计数器回零,且计数器的溢出使 TCON 的 TF0(T0)或 TF1(T1)置 1,表示计数已满,并向 CPU 发出中断请求(定时器/计数器中断允许时)。

由此可见,以上两种工作模式本质上都是计数器,区别是计数模式是对外部信号计数(其周期未知),而定时模式是对内部脉冲计数(其周期已知)。

二、定时/计数器相关寄存器

与定时中断有关的控制寄存器有定时和外中断控制寄存器 TCON、中断允许控制寄存器 IE、定时/计数器控制工作方式寄存器 TMOD。

1. 定时和外中断控制寄存器 TCON(见表 8-1)

表 8-1　TCON 寄存器位名称

位序号	DB7	DB6	DB5	DB4	DB3	DB2	DB1	DB0
位名称	TF1	TR1	TF0	TR0	IE1	IT1	IE0	IT0

TF1——定时/计数器 T1 溢出标志位。当定时/计数器 T1 计数溢出后,由 CPU 内硬件自动置 1,表示向 CPU 请求中断。CPU 响应中断后,片内硬件自动对其清 0。TF1 也可以由软件程序查询其状态或由软件置位或清 0。

TR1——定时/计数器 T1 运行控制位。TR1=1,T1 运行;TR1=0,T1 停止。

TF0——定时/计数器 T0 溢出标志。(同 TF1,只是针对 T0 的)

TR0——定时/计数器 T0 运行控制位。TR0=1,T0 运行;TR0=0,T0 停止。

其他各位功能在上一项目中已有介绍,这里不再重复。

2. 中断允许控制寄存器 IE(见表 8-2)

表 8-2　IE 寄存器位名称

位序号	DB7	DB6	DB5	DB4	DB3	DB2	DB1	DB0
位名称	EA	—	—	ES	ET1	EX1	ET0	EX0

EA——CPU 中断总允许控制位。EA=1,CPU 允许中断,EA=0,屏蔽所有 5 个中断源。

ET1——定时/计数器 T1 中断允许控制位。ET1=1,允许 T1 中断,ET1=0,允许 T1 中断,屏蔽 T1 中断。

ET0——定时/计数器 T0 中断允许控制位。ET0=1,允许 T0 中断,ET0=0,允许 T0 中断,屏蔽 T0 中断。

其他各位与定时中断无关,所以这里不加阐述。

3. 定时/计数器控制工作方式寄存器 TMOD(见表 8-3)

工作方式寄存器 TMOD 用于设置定时/计数器的工作方式,低 4 位用于 T0,高 4 位用于 T1。

表 8-3　TMOD 的结构、功能和位名称

高 4 位控制 T1				低 4 位控制 T0			
门控位	计数/定时方式选择	工作方式选择		门控位	计数/定时方式选择	工作方式选择	
GATE	$C/\overline{T}$	M1	M0	GATE	$C/\overline{T}$	M1	M0

（1）M1M0：工作方式设置位。定时/计数器有 4 种工作方式，由 M1M0 进行设置，如表 8-4所示。

表 8-4　M1M0 的 4 种工作方式

M1	M0	工作方式	说　　明
0	0	0	13 位计数器,TH 的高 8 位+TL 的低 5 位
0	1	1	16 位计数器,TH 的高 8 位+TL 的低 8 位
1	0	2	2 个 8 位计数器,初值自动装入
1	1	3	2 个 8 位计数器,仅适用于 T0

（2）$C/\overline{T}$：定时/计数模式选择位

$C/\overline{T}=0$ 为定时模式,对片内机周脉冲计数,用作定时。

$C/\overline{T}=1$ 为计数模式,对外部脉冲计数,下降沿有效。

（3）GATE：门控位。

GATE＝0 时,只要用软件使 TCON 中的 TR0 或 TR1 为 1,就可以启动定时/计数器工作。

GATE＝1 时,要用软件使 TR0 或 TR1 为 1,同时外部中断引脚为高电平时,才能启动定时/计数器工作,即此时定时/计数器的启动条件,加上了引脚为高电平这一条件。

门控位 GATE 具有特殊的作用。当 GATE＝0 时,经反相后使或门输出为 1,此时仅由 TR0 控制与门的开启,与门输出 1 时,控制开关接通,计数开始;当 GATE＝1 时,由外中断引脚信号控制或门的输出,此时控制与门的开启由外中断引脚信号和 TR0 共同控制。当 TR0＝1 时,外中断引脚信号引脚的高电平启动计数,外中断引脚信号引脚的低电平停止计数。这种方式常用来测量外中断引脚上正脉冲的宽度。

三、定时/计数器工作方式

前述 MCS-51 单片机定时器/计数器有 4 种工作方式,由 TMOD 中 M1M0 的状态确定。

1. 工作方式 0

如图 8-1 所示,方式 0 为 13 位计数器,由 TL0 的低 5 位(高 3 位未用)和 TH0 的 8 位组成。TL0 的低 5 位溢出时向 TH0 进位,TH0 溢出时,TCON 中的 TF0 标志位置 1,向 CPU 发出中断请求,最大计数值 $2^{13}=8\ 192$(计数器初值为 0),若 $f_{osc}=12$ MHz,最大定时为 8 192 μs。

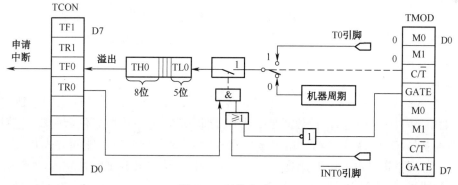

图 8-1　工作方式 0

项目八　10 s 秒表的设计

定时器模式时有：$N=t/T_{cy}$；t——定时时间，T_{cy}——机器周期；N——定时时常为 t 时所需要计数个数。

定时/计数器初值计算的公式为：$X=2^{13}-N$

定时器/计数器的初值还可以采用计数个数直接取补法获得；计数模式时，计数脉冲是 T0 引脚上的外部脉冲。

2. 工作方式1

如图 8-2 所示，方式 1 的计数位数是 16 位，由 TL0 作为低 8 位、TH0 作为高 8 位，组成了 16 位加 1 计数器。当 M1M0 = 01 时，定时/计数器工作于方式 1，内部计数器为 16 位，由 TL0 作低 8 位，TH0 作高 8 位，16 位计满溢出时，TF0 置 1，方式 1 最大计数值为 $2^{16}=65\,536$，若 $f_{osc}=12$ MHz，最大定时为 65 536 μs。计数个数与计数初值的关系为：$X=2^{16}-N$。

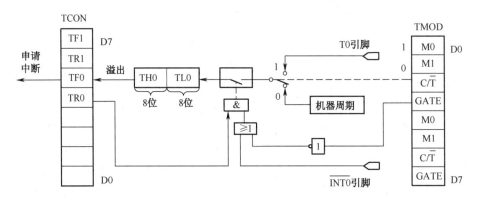

图 8-2　工作方式 1

3. 工作方式2

如图 8-3 所示，在方式 0 和方式 1 工作时，当完成一次计数后，下一次工作时应重新设置初值，这不但影响定时精度，而且也给程序设计带来不便，方式 2 为自动重装初值的 8 位定时/计数器。该方式把高 8 为计数寄存器 TH0(TH1) 作为计数常数寄存器，用于预制并保存计数初值，而把低 8 位寄存器 TL0(TL1) 作为计数寄存器。当计数寄存器溢出时，自动又将计数常数寄存器 TH0(TH1) 再装入 TL0(TL1) 中，以进行下一次的计数工作。这样，方式 2 可以连续多次工作，直到有停止计数命令为止。当 M1M0 = 10 时，定时/计数器工作在方式 2 下，计数个数与计数初值的关系为：$X=2^8-N$，其最大计数值为 $2^8=256$，计满溢出后，TF0 (TF1) 置 1，方式 2 的优点是定时初值可自动恢复，缺点是技术范围小。因此方式 2 适用于需要重复定时，而定时范围不大的应用场合。例如，常用于固定脉宽的脉冲，还可以作为串行口的波特率发生器使用。

4. 工作方式3

工作方式 3 只使用于定时器 T0，如图 8-4 所示，T0 在该方式下被拆成两个独立的 8 位计数器 TH0 和 TL0，8 位定时/计数器 TL0 占用了原来 T0 的一些控制位和引脚，它们是引脚 T0、以及控制位 TR0、GATE、C/T 和溢出标志位 TF0，该 8 位定时器功能同方式 0 或方式 1 完全相同，既可用于定时也可用于计数。另一个 8 位定时器 TH0 只能完成定时功能，并使用了定时/计数器 T1 的控制启动位 TR1 和溢出标志位 TF1。由于 TL0 既能作定时器使用，而同时

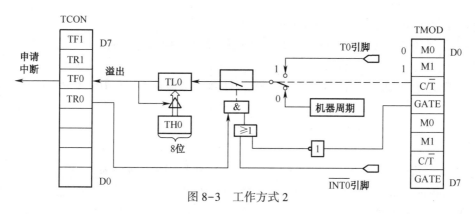

图 8-3　工作方式 2

TH0 又能做定时器使用,因此在工作方式 3 下,定时器/计数器 0 可以构成两个定时器或一个定时器和一个计数器。

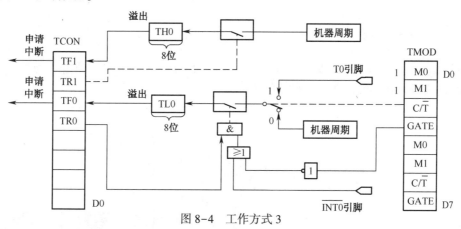

图 8-4　工作方式 3

当定时器 T0 已工作在工作方式 3,则定时器 T1 只能工作在方式 0、方式 1 或方式 2 下,因为它的控制启动位 TR1 和溢出标志位 TF1 已被定时器 T0 借用。在这种情况下,T1 通常作为串行口的波特率发生器使用,以确定串行通信的速率。因为已没有计数溢出标志 TF1 可供使用,因此只能把计数溢出直接送给串行口。当作为波特率发生器使用时,只需设置好工作方式,定时器 T1 便可自动开始运行;若要停止工作,只需送入一个设置定时器 1 为方式 3 的控制字。因为定时器 1 不能在方式 3 下使用,如果硬把它设置为方式 3,就停止工作。通常把定时器 1 设置为方式 2 作为波特率发生器比较方便。

在方式 0 时,计算定时初值比较麻烦,根据公式计算出数值后,还要变换一下,容易出错,不如直接使用方式 1,且方式 0 计数范围比方式 1 小,方式 0 完全可以用方式 1 代替,方式 0 与方式 1 相比,无任何优点。而方式 2、3 是 8 位计数器,计数范围更小,所以这 4 种工作方式中,方式 1 用得较多。

5. 定时/计数器应用步骤

(1)选择合理的定时/计数器工作方式,设定初始值

根据所要求的定时时间长短、定时重复性、合理选择定时/计数器工作方式,确定实现方法。初始化 TMOD,计算定时初值,并写入计数器 TH0(TH1)、TL0(TL1),设置中断系统,启动定时/计数器运行。

（2）正确编制定时/计数器中断服务子程序

注意是否需要重装定时初值。如果需要连续反复使用原定时时间，且未工作在方式2，则应在中断服务子程序中重装定时器初始值

（3）若定时/计数器用于计数方式，外部事件脉冲必须从 P3.4(T0) 或 P3.5(T1) 引脚输入，且外部脉冲最高频率不能超过时钟频率的 1/24。

项目描述

利用单片机及外围设备，从首次按键计时开始，在数码管上循环显示 0~99 的数字，每隔 0.1 s 加 1，再次按键暂停，第三次按键清零，第四次按键又开始计时，循环显示 0~99，依此类推，实现 10 s 秒表的功能。

项目实施

一、硬件电路设计

如图 8-5 所示，本电路主要由单片机最小系统、两个一位共阴数码管及按键组成。两个数码管用于显示 00~99 的数字。按键连接在 P3.7 口。

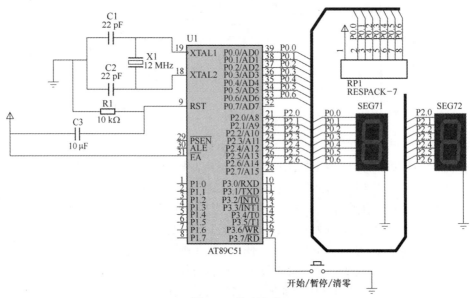

图 8-5　仿真电路

电路中所用元器件见表 8-5。

二、软件设计

1. 程序流程

系统按键控制方法有查询和中断两种方式，查询方式是让 CPU 以一定的周期按次序查询每一个外设，看它是否有数据输入或输出的要求，如有，则进行相应的输入/输出服务。在本程序设计中，系统每运行一周，对按键进行查询一次，判断是否有按键被按下，如有，则程

序运行相应按键功能。如无,则运行上次按键功能。

表 8-5 元器件配置表

名 称	型 号	数量	Proteus 中元器件名称
单片机	AT89C51	1	AT89C51
陶瓷电容	30 pF	2	CAP
电解电容	22 μF	1	CAP-ELEC
晶振	12 MHz	1	CRYSTAL
数码管	共阴,绿色	2	LED-GREEN
电阻	10 kΩ	1	RES
排阻	1 kΩ	1	RESPACK-7
按键		1	BUTTON

系统每隔 100 ms 显示值加 1,由于定时器定时时间最大为 65.536 ms,把定时器 T0 定时时间设为 50 ms,定时中断两次,即达到 100 ms。

本系统采用 T0 定时器,方式 1。定时器工作前先装入初值,利用送数指令将初值装入 TH0 和 TL0 或 TH1 和 TL1,高位数装入 TH0 和 TH1,低位数装入 TL0 和 TL1。当发出启动命令后,装初值寄存器开始计数,连续加 1,每一个机器周期加 1 一次,加到满值(各位全 1)。若再加 1,则溢出,同时将初值寄存器清零。如果继续计数定时,则需要重新赋初值。

如图 8-6 所示,在主程序中,首先显示 00,进行定时器及中断的初始化,判断按键有无被按下,如有,则延时消抖后再来判断是否仍有键按下,如还有,则处理相应按键事件。再来判断有无按键按下,如此循环。

如图 8-7 所示,在中断服务子程序中,采用工作方式 1,因此每次进入中断服务子程序,

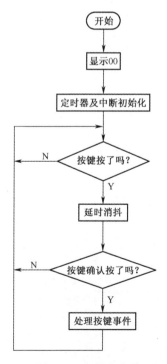

图 8-6 主程序流程

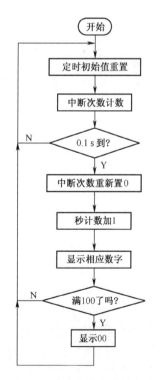

图 8-7 中断服务子程序流程

需先重置定时器初始值,中断次数加 1,当中断次数达到两次时,定时时间已达 100 ms,中断次数重新置 0,秒计数加 1,显示相应数字。直到秒计数值达到 100,则显示值重新置 0,再重新循环。

2. 程序设计

C 语言源程序代码如下:

```
1.#include<reg51.h>
2.#define uchar   unsigned char
3.#define uint    unsigned int
4.sbit K1=P3^7;
5.uchar i,Second_Counts,Key_Flag_Idx;
6.bit Key_State;
7.uchar DSY_CODE[]={0x3f,0x06,0x5b,0x4f,0x66,0x6d,0x7d,0x07,0x7f,0x6f};
8.// ================延时子程序================
9.void DelayMS(uint ms)
10.  {
11.  uchar t;
12.  while(ms--)for(t=0;t<120;t++);
13.  }
14.// ================处理按键事件================
15.void Key_Event_Handle()
16.{
17.  if(Key_State==0)
18.  {
19.  Key_Flag_Idx=(Key_Flag_Idx+1)%3;
20.  switch(Key_Flag_Idx)
21.  {
22.  case 1:EA=1;ET0=1;TR0=1;break;
23.  case 2:EA=0;ET0=0;TR0=0;break;
24.  case 0:P0=0x3f;P2=0x3f;i=0;Second_Counts=0;
25.  }
26.  }
27.}
28.// ================主程序================
29.void main()
30.{
31.  P0=0x3f;   //显示 00
32.  P2=0X3f;
33.  i=0;
34.  Second_Counts=0;
35.  Key_Flag_Idx=0;          //按键次数(取值 0,1,2)
36.  Key_State=1;             //按键状态
37.  TMOD=0x01;               //定时器 T0 方式 1
```

```
38.    TH0=(65536-50000)/256;   //定时器 T0:50ms
39.    TL0=(65536-50000)%256;
40.    while(1)
41.    {
42.    if(Key_State!=K1)
43.      {
44.      DelayMS(10);              //延时去抖
45.      Key_State=K1;
46.      Key_Event_Handle();
47.      }
48.    }
49.    }
50.//============T0 中断服务子程序===============
51.void DSY_Refresh() interrupt 1
52.{THO=(65536-50000)/256;       //恢复定时器 T0 初值,定时 50ms
53.    TL0=(65536-50000)%256;
54.    if(++i==2)                //50ms×2=0.1s 转换状态
55.    {
56.    i=0;
57.    Second_Counts++;
58.    P0=DSY_CODE[Second_Counts/10];
59.    P2=DSY_CODE[Second_Counts%10];
60.    if(Second_Counts==100)Second_Counts=0;   //满 100(10s)显示 00
61.    }
62.  }
```

三、调试与仿真

1. Proteus 与 Keil 联调

（1）按照项目二中 Proteus 与 Keil 联调的步骤（1）~（3）完成基本的软件设置。如果前面已经设置过一次，在此可以跳过。

（2）在 Proteus 中绘制仿真电路图并保存。

（3）在 Keil 中创建工程文件，选择芯片型号，进行属性设置，新建 C 语言程序文件，并该 C 程序文件中输入 C 语言程序，把该 C 语言程序添加到工程中，并进行编译，生成 HEX 文件。

（4）打开仿真电路图文件，在 Proteus 的"Debug"菜单中选择"Use Remote Debug Monitor"。双击单片机，在弹出对话框的"Program File"选项中，导入在 Keil 中生成的 HEX 文件。

（5）在 Keil 中打开工程文件，打开窗口"Option for Target'target1'..."。在 Debug 选项中右栏上部的下拉菜单选择"Proteus VSM Simulator"打开"Settings"窗口，设置 IP 为 127.0.0.1,端口号为 8000。

（6）在 Keil 中选择"Debug-Start/Stop Debug Session",在 Proteus 中按下"开始/暂停/清零"键,单击 Keil 窗口,按【F5】键（全速运行）,观察是否正常计时,如不是,则设置断点,采用断点运行的方法,找出故障原因,修改程序或电路直至正确。

（7）接着在 Proteus 中第二次按下"开始/暂停/清零"键，单击 Keil 窗口，按【F5】键（全速运行），观察是否正常暂停，如不是，则设置断点，采用断点运行的方法，找出故障原因，修改程序或电路直至正确。

（8）依次类推，在 Proteus 中第三次按下"开始/暂停/清零"键，清零功能的调试同步骤 7。

2. Proteus 仿真

（1）用 Proteus 打开已绘制好的电路仿真图，并将最后调试完成的程序重新编译生成新的 .HEX 文件导入 Proteus 中。

（2）在 Proteus ISIS 编辑窗口中单击 ▶ 按钮，未按键时显示图 8-8 所示的仿真结果。

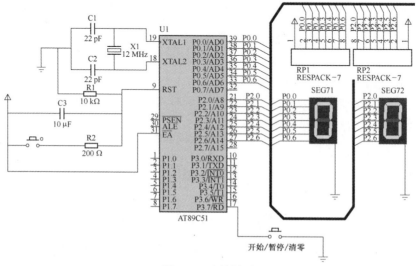

图 8-8　未按键时

（3）当第一次按"开始/暂停/清零"键时，开始从 00 到 99 循环计数，如图 8-9 所示。当第二次按键时，暂停。当第三次按键时，显示 00。当第四次按键时又开始从 00 到 99 循环计数，如此循环。

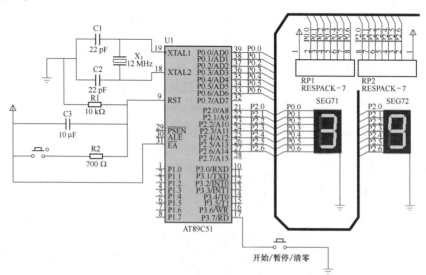

图 8-9　第一次按"开始/暂停/清零"键时

 项目小结

本项目介绍了单片机定时/计数器的工作原理以及定时中断的控制寄存器,给出了 10 s 秒表的仿真电路、程序流程及 C 语言源程序代码。

 习题

操作题

利用单片机及外围设备,使首次按键计时开始,在数码管上循环显示 999～0 的数字,每隔 0.1 s 减 1,再次按键暂停,第三次按键清零,第四次按键又开始计时,循环显示 0～999。

要求如下:

(1)进行单片机应用电路分析,并完成 Proteus 仿真电路图的绘制。

(2)根据任务要求进行单片机控制程序流程和程序设计思路分析,画出程序流程图。

(3)在 Keil 中进行源程序的编写与编译工作。

(4)在 Proteus 中进行程序的调试与仿真工作,最终完成实现上述功能。

项目九

数字电压表的设计

学习目标

(1)了解模数转换器 ADC0831 的功能。

(2)掌握简易数字电压表的原理。

(3)掌握数字电压表的电路设计及程序设计方法。

(4)掌握复杂程序的设计方法。

相关知识

一、模拟量和数字量

模拟量是时间连续、数值连续的物理量，它具有无穷多个数值，如正弦函数、指数函数。人类从自然界感知的物理量绝大多数属于模拟量，如速度、压力、温度、声音以及位置等。在工程技术上，为了便于分析，常用传感器将模拟量转换为电流、电压或电阻等电学量。

数字量就是用一系列 0 和 1 组成的二进制代码表示某个信号大小的量。用数字量表示同一个模拟量时，位数越多，精度越高，位数越少则表示精度越低。数字量在时间上和数值上是离散的。上面所说的 0 和 1 不是十进制中的数字，而是逻辑 0 和逻辑 1，因而称之为二进制数字逻辑，或者简称为数字逻辑。

数字逻辑的产生，是基于客观世界许多事物可以用彼此相关又互相对立的两种状态来描述的，如是与非，真与假，开与关等，而且在电路上，可以用电子元器件的开关特性来实现。

二、ADC0831 模数转换器

1. ADC0831 引脚结构

ADC0831 模数转换器的主要功能是实现模拟量向数字量的转换。其引脚结构如图 9-1 所示。

各引脚功能如表 9-1 所示。

2.ADC0831 主要性能指标

ADC 输入端数量:1。

分辨率:8 bit。

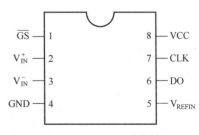

图 9-1　ADC0831 引脚结构

输入类型:Voltage(电压)。

接口类型:Serial(串行输出)。

电压参考:5 V。

电源电压(最大值):6.3 V。

电源电压(最小值):4.5 V。

最大功率耗散:0.8 W。

最大工作温度:+70 ℃。

输入电压最大值:5 V。

ADC0831 的工作时序如图 9-2 所示。

表 9-1 ADC0831 引脚功能

引 脚 号	引 脚 名	引 脚 功 能
1	$\overline{CS}$	片选
2	$V_{IN}+$	正输入端
3	$V_{IN}-$	负输入端
4	GND	地
5	V_{REFIN}	参考电压输入端
6	DO	串行数据输出端
7	CLK	时钟输入端
8	VCC	电源

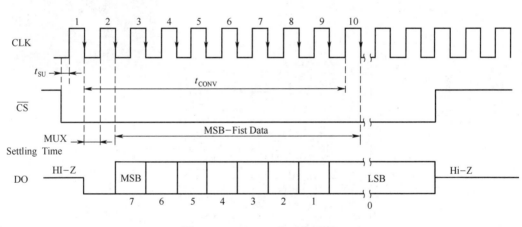

图 9-2 ADC0831 的工作时序

3.ADC0831 的工作过程

首先,将 ADC0831 的时钟线拉低,再将片选端置低电平,启动 A/D 转换。接下来在第 1 个时钟信号的下降沿到来时,ADC0831 的数据输出端被拉低,准备输出转换数据。从时钟信号的第 2 个下降沿到来开始,ADC0831 开始输出转换数据,直到第 9 个下降沿为止,共 8 位,输出的顺序为从最高位到最低位。

📧 项目描述

设计一个电压表,要求其能测量 0~5 V 范围内的直流电压并以数字形式显示。

 项目实施

一、硬件电路设计

如图9-3所示，本系统主要由单片机最小系统、ADC0831转换电路及动态显示电路组成。单片机最小系统是单片机应用系统的最基本单元，它由单片机、时钟电路及复位电路组成。ADC0831转换电路的功能是把采集到的模拟电压值转换成数字量。动态显示电路用来显示电压值。采用四位一体的共阳数码管以动态显示的方式进行显示。

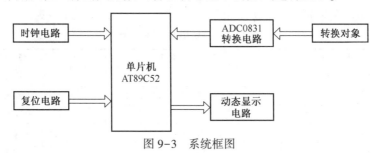

图9-3　系统框图

如图9-4所示，动态显示电路由4位一体共阳数码管和限流电阻R1~R8组成，与单片

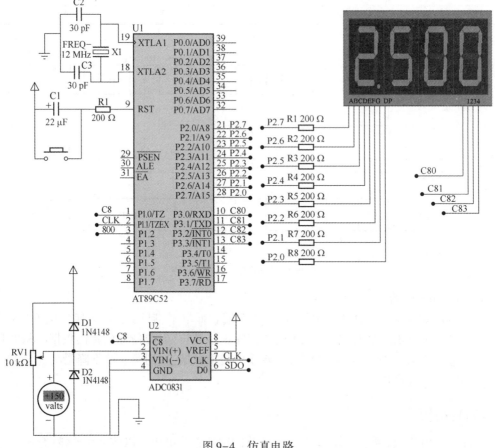

图9-4　仿真电路

机的 P2 口相连,位选端分别由 P3.0、P3.1、P3.2、P3.3 口控制,模/数转换器 ADC0831 的 CLK、DO 及 $\overline{CS}$ 端分别由 P1.0、P1.1、P1.2 控制。

电路中所用元器件见表 9-2 所示。

表 9-2 元器件配置表

名　　称	型　　号	数量	Proteus 中元器件名称
单片机	AT89C52	1	AT89C52
陶瓷电容	30 pF	2	CAP
电解电容	22 μF	1	CAP-ELEC
晶振	12 MHz	1	CRYSTAL
数码管	共阳,四位一体	1	7SEG-MPX4-CA
电阻	1 kΩ	1	RES
电阻	200 Ω	8	RES
按键		1	BUTTON
模数转换器	ADC0831	1	ADC0831
电位器		1	POT-LIN
稳压二极管	IN4148	2	IN4148
虚拟直流电压表		1	DC VOTERMETER

二、软件设计

1. 程序流程

本系统软件设计主要包括主程序的设计和定时器 T0 中断服务子程序的设计。如图 9-5 所示,主程序包括定时器 T0 初始化,定时器 T0 中断初始化,启动定时器,A/D 数据采集一次计算电压值,将电压值拆分并放入显示缓存数组及延时 10ms。设置定时器定时时间为 5ms,如图 9-6 所示,定时器 T0 中断服务子程序包括重赋初始值、根据数码管号选择对应数码管并显示相应数字等。

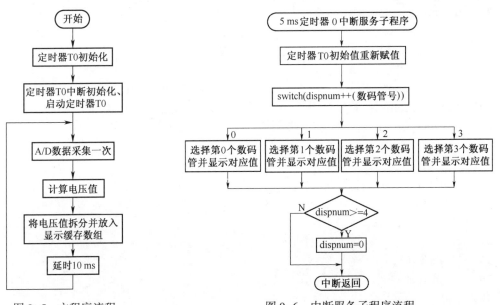

图 9-5 主程序流程　　　　　　　图 9-6 中断服务子程序流程

2. 程序设计

```
1.#include <reg52.h>                    //包含头文件
2.#define uchar unsigned char           //宏定义
3.#define uint unsigned int
4.uchar dispnum=0;                      //定义全局变量
5.uchar voltnum[4]={0,0,0,0};           //定义数组
6.uchar code LED[11]=                   //定义数码管笔形码数组
7.    {
8.      0xC0,0xF9,0xA4,0xB0,0x99,0x92,0x82,0xF8,0x80,0x90,0xff
9.    };
10.sbit adccs=P1^0;                     //位定义
11.sbit adcclk=P1^1;
12.sbit adcdo=P1^2;
13.sbit CS0=P3^0;
14.sbit CS1=P3^1;
15.sbit CS2=P3^2;
16.sbit CS3=P3^3;
17.void delay (uint x)                  //定义延时子程序
18.{
19.   uchar i;                          //定义局部变量
20.   for(i=0;i<x;i++);
21.}
22.void adcck(void)                     //定义时钟子程序
23.{
24.   adcclk=1;                         //高电平
25.   delay(2);                         //延时
26.   adcclk=0;                         //低电平
27.   delay(2);                         //延时
28.}
29.uchar readadc()                      //定义数据采集子程序
30.{  uchar i,ch;                       //定义局部变量
31.   adccs=0;
32.   adcck();
33.   ch=0;
34.   for (;adcdo==1;)
35.   adcck();
36.   for (i=0; i<8; i++)
37.     {
38.      adcck();
39.      ch=(ch<<1)|adcdo;
40.     }
41.   adccs=1;
```

```
42.    return(ch);
43. }
44. /* * * * * * * * * * * * *定时器 T0 中断服务子程序 * * * * * * * * * * * * * * * */
45.    void Time0_int(void) interrupt 1 using 1
46.    {
47.        TH0 = 0xec;                        //重赋定时器 T0 初值
48.        TL0 = 0x78;
49.        switch(dispnum++)                  //根据数码管号选择数码管并显示对应数值
50.        {
52.        case 0:                            //点亮第一位数码管
53.            P3 = 0x01;                     //选通第一位数码管
54.            P2 = LED[voltnum[0]]&0x7f;     //加段选码,小数点常亮
55.             break;
56.        case 1:                            //点亮第二位数码管
57.            P3 = 0x02;                     //选通第二位数码管
58.            P2 = LED[voltnum[1]];          //加段选码
59.            break;
60.        case 2:                            //点亮第三位数码管
61.            P3 = 0x04;                     //选通第三位数码管
62.            P2 = LED[voltnum[2]];          //加段选码
63.            break;
64.        case 3:                            //点亮第四位数码管
65.            P3 = 0x08;                     //选通第四位数码管
66.            P2 = LED[voltnum[3]];          //加段选码
67.             break;
68.        default:break;
69.        }
70.        if(dispnum>=4)                     //超过 4 个数码管,数码管号清 0
71.        dispnum = 0;
72.    }
73. void  main()                             //主程序
74. {
75. uchar ad;                                //定义局部变量
76. uint i;
77. float volt;
78. TMOD = 0x01;                             //使用定时器 T0,方式 1
79. EA = 1;                                  //开中断
80. ET0 = 1;                                 //开 T0 中断
81. TH0 = 0xec;                              //定时器 T0 赋初值,定时时间设为 5ms
82. TL0 = 0x78;
83. TR0 = 1;                                 //启动定时器 T0
84. while(1)
```

项
目
九

数
字
电
压
表
的
设
计

```
85. }
86.    ad = readadc();                    //A/D数据采集一次
87.    volt = ad * 5/256;
88.    i =(uint)(volt * 1000);
89.    voltnum[3] = i% 10 ;               //把电压值拆分出各位后放入显示缓存数组
90.    voltnum[2] = i/10% 10 ;
91.    voltnum[1] = i/100% 10 ;
93.    voltnum[0] = i/1000% 10 ;
94.    delay (20);                        // 延时
95.    }
96. }
```

三、Proteus 仿真

（1）用 Proteus 打开已绘制好的电路仿真图，并将最后调试完成的程序重新编译生成新的 . HEX 文件导入 Proteus 中。

（2）在 Proteus ISIS 编辑窗口中单击 ▶ 按钮，如图 9-7 所示，在四位一体数码管上显示当前电压值，该电压值与虚拟电压表的测得值一致。

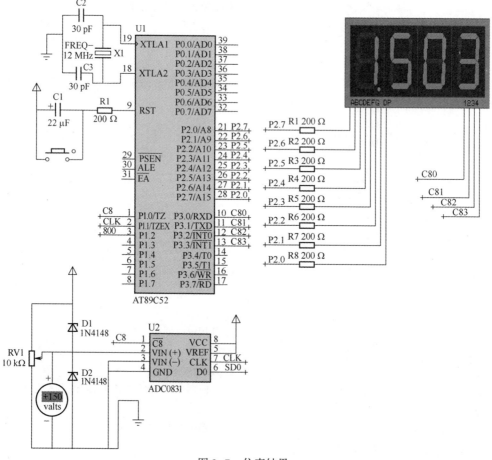

图 9-7　仿真结果

(3)调节电位器 RV1,使虚拟电压表显示值在 0～5 V 内变化,观察到数码管显示值也在此范围内变化,且两者一致。

 项目小结

本项目主要介绍了模拟量和数字量、ADC0831 模数转换器的引脚功能、主要性能和工作过程。给出了数字电压表的电路设计及软件设计。

 习题

简答题

1. 简述模数转换器 ADC0831 的功能。
2. 简述 ADC0831 的工作过程。

项目十

单片机与PC通信

（1）掌握通信的基本知识；

（2）掌握串行通信总线标准及其接口；

（3）掌握串行接口的编程与控制方法；

（4）掌握串口与PC通信的接口电路及程序的分析与设计。

一、通信概述

计算机与外界信息交换称为通信。

通信的基本方式可分为并行通信和串行通信。并行通信是数据的各位同时发送或同时接收；串行通信是数据的各位依次逐位发送或接收。并行通信优点是传送速度快，缺点是不便长距离传送；串行通信优点是便于长距离传送，缺点是传送速率较慢。

串行通信按同步方式可分为异步通信和同步通信。

1. 异步通信

异步通信是指通信的发送和接收设备使用各自的时钟控制数据的发送和接收过程。

异步通信依靠起始位、停止位保持通信同步，数据传送按帧传输，一帧数据包含起始位、数据位、校验位和停止位。异步通信对硬件要求较低，实现起来比较简单、灵活，适用于数据的随机发送/接收，但因每个字节都要建立一次同步，即每个字符都要额外附加两位，所以工作速度较低，在单片机中主要采用异步通信方式。

2. 同步通信

同步通信是一种连续串行传送数据的通信方式，一次通信只传输一帧信息。

同步通信依靠同步字符保持通信同步，由1~2个同步字符和多字节数据位组成，同步字符作为起始位以触发同步时钟开始发送或接收数据；多字节数据之间不允许有空隙，每位占用的时间相等；空闲位需发送同步字符。

同步通信传输速度较快，但要求有准确的时钟来实现收发双方的严格同步，对硬件要求较高，适用于成批数据传送。

二、串行通信的制式

串行通信按照数据传送方向可分为三种制式：

1. 单工制式(Simplex)

如图 10-1 所示，单工制式是指甲乙双方通信时只能单向传送数据，发送方和接收方固定。

2. 半双工制式(Half Duplex)

如图 10-2 所示，半双工制式是指通信双方都具有发送器和接收器，既可发送也可接收，但不能同时接收和发送，发送时不能接收，接收时不能发送。

图 10-1　单工制式

图 10-2　半双工制式

3. 全双工制式(Full Duplex)

如图 10-3 所示，全双工制式是指通信双方均设有发送器和接收器，并且信道划分为发送信道和接收信道，因此全双工制式可实现甲乙双方同时发送和接收数据，发送时能接收，接收时也能发送。

图 10-3　全双工制式

三、80C51 串行口的控制寄存器

MCS-51 系列单片机有一个全双工的串行口，这个口既可以用于网络通信，又可以实现串行异步通信，还可以作为同步移位寄存器使用。

与 MCS-51 串行口有关的特殊功能寄存器有 SBUF、SCON、PCON。

1. 串行数据缓冲器 SBUF

在逻辑上只有一个，既表示发送寄存器，又表示接收寄存器，具有同一个单元地址 99H，用同一寄存器名称 SBUF。

在物理上有两个，一个是发送缓冲寄存器，另一个是接收缓冲寄存器。发送时，只需将发送数据输入 SBUF，CPU 将自动启动和完成串行数据的发送；接收时，CPU 将自动把接收到的数据存入 SBUF，用户只需从 SBUF 中读出接收数据。

2. 串行控制寄存器 SCON

串行控制寄存器 SCON 用于设定串行口的工作方式、接收/发送控制以及设置状态标志。单片机复位时，所有位全为 0。SCON 寄存器各位位名称及功能如表 10-1 所示。

表 10-1　SCON 寄存器各位位名称及功能

SCON	D7	D6	D5	D4	D3	D2	D1	D0
位名称	SM0	SM1	SM2	REN	TB8	RB8	TI	RI
功能	工作方式 选择		多机通信控制	接收允许	发送第 9 位	接收第 9 位	发送中断	接收中断

（1）SM0 SM1——串行口工作方式选择位。如表 10-2 所示，SM0、SM1 的值决定了串行口工作于哪种工作方式。

表 10-2　串行口四种工作方式

SM0	SM1	工作方式	帧　格　式	波　特　率
0	0	方式 0	8 位全是数据位，没有起始位、停止位	固定，即每个机器周期传送一位数据
0	1	方式 1	10 位，其中 1 位起始位、8 位数据位、1 位停止位	不固定，取决于 T1 溢出率和 SMOD
1	0	方式 2	11 位，其中 1 位起始位、9 位数据位、1 位停止位	固定，即 $2^{SMOD} \times f_{osc}/64$
1	1	方式 3	11 位，其中 1 位起始位、9 位数据位、1 位停止位	不固定，取决于 T1 溢出率和 SMOD

（2）SM2——多机通信控制位，用于方式 2 和方式 3。在方式 2、方式 3 处于接收方式时，如 SM2＝1 且接收到的第 9 位数据 RB8 为 0 时，不激活 RI；如 SM2＝1 且接收到的第 9 位数据 RB8 为 1 时，则置 RI＝1。在方式 2、方式 3 处于接收或发送方式时，如 SM2＝0，不论接收到的第 9 位数据 RB8 为 1 还是 0，TI、RI 都以正常方式被激活。在方式 1 处于接收时，如 SM2＝1，则只有收到有效的停止位后，RI 置 1。在方式 0 中，SM2 应为 0。

（3）REN——允许接收控制位。REN＝1，允许接收。REN＝0，禁止接收。

（4）TB8——方式 2 和方式 3 中要发送的第 9 位数据。在方式 2 和方式 3 中，由软件置位或复位，可做奇偶校验位。在多机通信中，可作为区别地址帧或数据帧的标志位，一般约定地址帧时，TB8＝1；约定数据帧时，TB8＝0。

（5）RB8——方式 2 和方式 3 中要接收的第 9 位数据。功能同 TB8。

（6）TI——发送中断标志。在方式 0 中发送完 8 位数据后，由硬件置位；在其他方式中，在发送停止位之初由硬件置位。因此，TI 是发送完一帧数据的标志。TI＝1 时，也可向 CPU 申请中断，响应中断后，必须由软件给 TI 清零。

（7）RI——接收中断标志。在方式 0 中接收完 8 位数据后，由硬件置位；在其他方式中，在接收停止位的中间由硬件置位。RI＝1 时，也可向 CPU 申请中断，响应中断后，必须由软件给 RI 清零。

3. 电源控制寄存器 PCON

PCON 主要是为 CHMOS 型单片机的电源控制而设置的专用寄存器。在 HMOD 的 8051 单片机中，PCON 除了最高位以外，其他位与串行口无关。PCON 寄存器各位定义如表 10-3 所示。

表 10-3　PCON 寄存器各位定义

PCON	D7	D6	D5	D4	D3	D2	D1	D0
位名称	SMOD	—	—	—	GF1	GF0	PD	IDL

SMOD：波特率倍增位。在串行口方式 1、方式 2、方式 3 时，波特率与 SMOD 有关，当 SMOD＝1 时，波特率提高一倍。复位时，SMOD＝0。

四、MCS-51 串行口的波特率

在串行通信中，收发双方对传送的数据速率，即波特率要有一定的约定。方式 0 和方式 2 的波特率是固定的，方式 1 和方式 3 的波特率可变，由定时/计数器 T1 的溢出率和 SMOD

共同决定。即方式 1 和方式 3 的波特率为：

$$波特率 = 2^{SMOD} \times (T1 溢出率) / 32$$

式中,SMOD 为 PCON 寄存器中最高位的值,SMOD=1 表示波特率倍增。

其中,定时器 1 的溢出率取决于单片机定时器 1 的计数速率和定时器的预置值。计数速率与 TMOD 寄存器的 $\overline{C}$ 位有关。当 $\overline{C}=0$ 时,计数速率为 $f_{osc}/12$;当 $\overline{C}=1$ 时,计数速率为外部输入时钟频率。

实际上,当定时器 1 做波特率发生器使用时,通常是工作在模式 2,即自动重装载的 8 位定时器,此时 TL1 作计数用,自动重装载的值在 TH1 内,设计数的预置值(初始值)为 X,那么每过 256-X 个机器周期,定时器溢出一次,为了避免因溢出而产生不必要的中断,此时应禁止 T1 中断。溢出周期为 $(12/f_{osc}) \times (256-X)$。

溢出率为溢出周期的倒数,所以,波特率 $= (2^{SMOD}/32) \times f_{osc}/[12 \times (256-X)]$。

定时器初始值 $X = 256 - (f_{osc} \times 2^{SMOD})/(384 \times 波特率)$

在实际应用时,通常是先确定波特率,后根据波特率求 T1 定时初值。

五、串行通信总线标准及其接口

1. RS-232 接口

RS-232C 是使用最早、应用最多的一种异步串行通信总线标准。它是美国电子工业协会(EIA) 1962 年公布、1969 年最后修订而成的。其中,RS 表示 Recommended Standard,232 是该标准的标志号,C 表示最后一次修订。

RS-232C 主要用来定义计算机系统的一些数据终端设备(DTE)和数据电路终接设备(DCE)之间的电气性能。例如 CRT、打印机与 CPU 的通信大多采用 RS-232 接口,MCS-51 单片机与 PC 的通信也是采用该种类型的接口。由于 MCS-51 系列单片机本身有一个全双工的串行接口,因此该系列单片机用 RS-232 串行接口总线非常方便。

RS-232C 串行接口总线适用于:设备之间的通信距离不大于 15 m,传输速率最大为 20 kbit/s。

RS-232C 接口通向外部的连接器(插针和插座)有 25 针 D 型连接器和 9 针 D 形连接器两种,目前已经很少有人使用 25 针 D 型连接器了,一般都使用 9 针 D 型连接器,如图 10-4 所示。

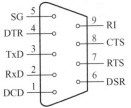

图 10-4　9 针 D 形连接器

9 针 D 形连接器信号说明如表 10-4 所示。

表 10-4　9 针 D 形连接器引脚定义

插针序号	信号名称	功　能	信号方向
1	DCD	载波检测	DTE→DCE
2	RxD	接收数据(串行输入)	DTE→DCE
3	TXD	发送数据(串行输出)	DTE→DCE
4	DTR	DTE 就绪(数据终端准备就绪)	DTE→DCE
5	SGND	信号接地	DTE→DCE
6	DSR	DCE 就绪(数据建立就绪)	DTE→DCE
7	RTS	请求发送	
8	CTS	允许发送	DTE→DCE
9	RI	振铃指示	DTE→DCE

2. 电平转换芯片 MAX232

RS-232 标准规定发送数据线 TXD 和接收数据线 RXD 均采用 EIA 电平,即传送数字"1"时,传输在线上的电平在-15～-3 V 之间,而传送数字"0"时,传输在线上的电平在+3～+15 V 之间。因此单片机不能直接与 PC 串口相连,必须经过电平转换电路进行逻辑转换。

RS-232 接口与 TTL 之间常用的电平转换芯片是 MAX232 , MAX232 引脚图如图 10-5 所示,MAX232 内部有两套独立的电平转换电路,7,8,9,10 为一路,11,12,13,14 为一路。MAX232 内置了电压倍增电路及负电源电路,使用单+5 V 电源工作,只需外接 4 个容量为 0.1～1 μF 的小电容即可完成两路 RS-232 与 TTL 电平之间转换。MAX232 与 RS-232 接口之间的连线见图 10-6。

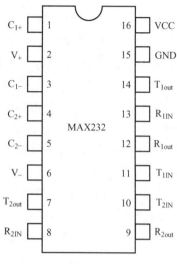

图 10-5　MAX232 引脚图

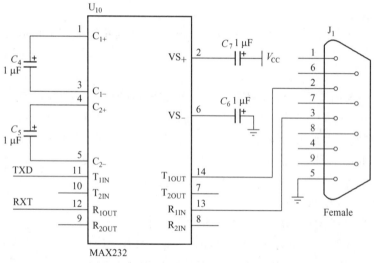

图 10-6　单片机与 PC 串口的接口电路

 项目描述

在单片机的控制作用下,通过串口实现与 PC 通信,将 PC 传输过来的数据加 2 处理后再传回给 PC,同时将 PC 发送的数据以 ASCII 码的形式在 LED 发光管上显示。

项目实施

一、硬件电路设计

电路原理图如图 10-7 所示,该电路实际上是由单片机最小系统、LED 发光管显示电路和电平转换电路组成。

电平转换电路由 MAX232、电容 C4、C5、C6、C7 及 RS-232 接口组成。LED 发光管显示电路由 8 路 LED 发光管及其限流电阻组成。

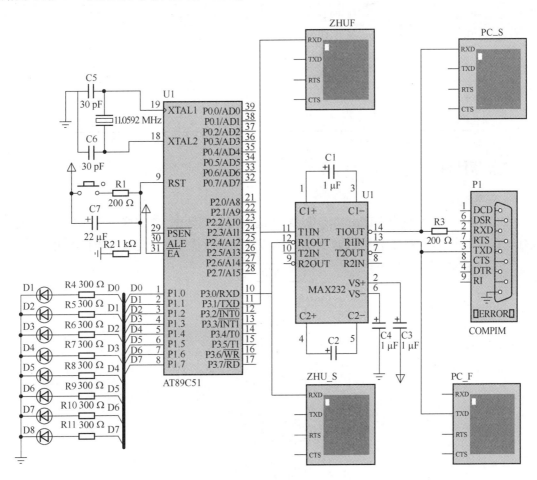

图 10-7　仿真电路

电路中所用元器件见表 10-5。

表 10-5　元器件配置表

名　称	型　号	数　量	Proteus 中元器件名称
单片机	AT89C51	1	AT89C51
陶瓷电容	30 pF	2	CAP
电解电容	22 μF	1	CAP-ELEC
电解电容	1 μF	4	CAP-ELEC
晶振	11. 059 2 MHz	1	CRYSTAL
发光二极管	黄色	8	LED-YELLOW
按钮		1	BUTTON

名　　称	型　　号	数　量	Proteus 中元器件名称
电阻	1 kΩ	2	RES
电阻	300 Ω	8	RES
电阻	1 kΩ	1	RES
电阻	200 Ω	1	RES
MAX232	MAX232	1	MAX232
串口母头		1	COMPIM
虚拟终端		4	VIRTUAL TERMINAL

二、软件设计

1. 程序流程

如图 10-8 所示,整个程序由初始化、判断是否接收到数据、清零接收完成标志位、取出数据、数据显示、数据加 2、发送数据、判断是否发送完成及清零发送完成标志位等组成。

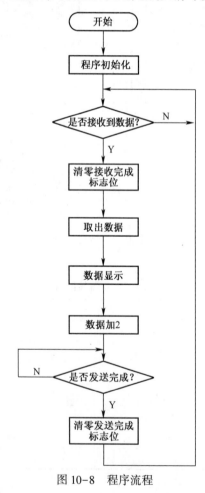

图 10-8　程序流程

2. 程序设计

C 语言源程序代码如下：

```
1. #include <regx51.h>              //加入头文件
2. #define uint unsigned int        //宏定义
3. #define uchar unsigned char
4. //===============接收数据函数================
5. uchar jieshou()
6. {
7.    uchar a;                      //定义局部变量,用于返回值
8.    while(RI==0);                 //等待接收数据完成
9.    a=SBUF;                       //移出接收到的数据
10.   RI=0;                         //清零接收完成标志位 RI
11.   return a;                     //返回接收数据
12. }
13. //=============发送单个字符函数=============
14. void fasong(uchar c)
15. {
16.   SBUF=c;                       //装入数据并发送
17.   while(TI==0);                 //等待发送结束
18.   TI=0;                         //清零发送标志位 TI
19. }
20. //=============程序初始化函数===============
21. void Init()
22. {
23.   SCON=0x50;                    //设置串行口工作于方式 1 并允许接收数据
24.   TMOD=0x20;                    //设置定时器 1 工作在方式 2
25.   TH1=0xFD;                     //设置定时器 1 的重装值
26.   TL1=0xFD;                     //设置定时器 1 的初始值
27.   TR1=1;                        //开启定时器 1
28. }
29. //================主程序==================
30. void main()
31. {
32.   uchar x;                      //定义局部变量,用于处理接收数据
33.   Init();                       //进行程序初始化处理
34.   while(1)                      //无限循环
35.   {
36.     x=jieshou();                //将接收到的数据传给变量 x
37.     P1=x;                       //将数据传给 P1 口,用于显示
38.     x=x+2;                      //变量 x 值加 2
39.     fasong(x);                  //发送处理后的数据
40.   }
```

三、Proteus 仿真

（1）用 Proteus 打开已绘制好的电路仿真图，并将最后调试完成的程序重新编译生成新的 . HEX 文件导入 Proteus 中。

（2）在 Proteus ISIS 编辑窗口中单击 ▶ 按钮，如图 10-9 所示，在 Vitual Terminal-PC_F 窗口中输入字符（如 6），观察到在 Vitual Terminal_ZHU_S 窗口中也出现相同的字符（如 6），在发光二极管上显示该字符，在"Vitual Terminal_ZHUF"和"Vitual Terminal-PC_S"窗口中出现的字符为加 2 后的字符（如 8）。

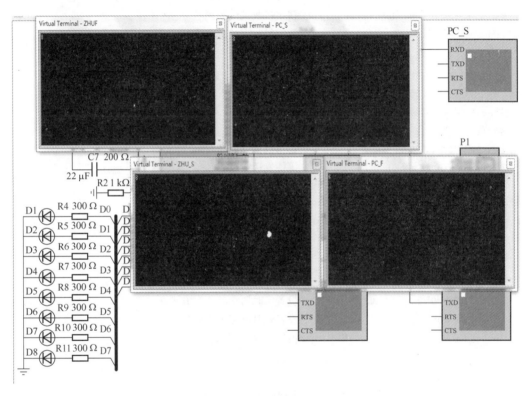

图 10-9　仿真结果

 项目小结

本项目主要介绍了通信的基本知识和单片机串行通信的接口电路，给出了单片机与 PC 机通信的仿真电路和软件设计。

🗒️ 习题

操作题

设计电路和程序，实现以下功能：

当单片机上电开始运行工作时，两个单片机将各自 P1 口的开关状态传输给对方，并通过对方的 LED 显示出相应的开关状态(断开时灯灭,闭合时灯亮),如图 10-10 所示。

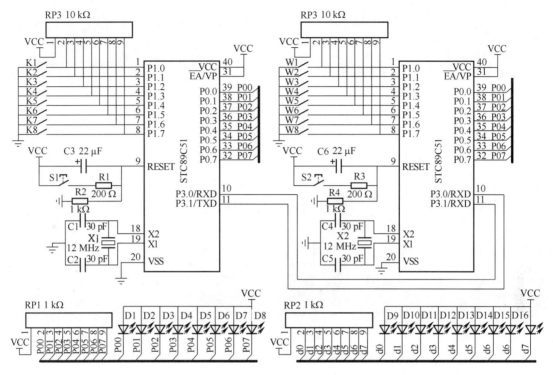

图 10-10　仿真电路

要求如下:

(1)进行单片机应用电路分析,并完成 Proteus 仿真电路图的绘制。

(2)根据任务要求进行单片机控制程序流程和程序设计思路分析,画出程序流程图。

(3)在 Keil 中进行源程序的编写与编译工作。

(4)在 Proteus 中进行程序的调试与仿真工作,最终完成实现上述功能。

下篇

提 高 篇

项目十一

汽车信号灯控制系统的设计

学习目标

(1)掌握定时中断的设计方法;

(2)掌握汽车信号灯工作原理及控制流程;

(3)掌握汽车信号灯控制系统硬件电路设计方法;

(4)掌握汽车信号灯控制系统程序设计方法。

相关知识

本项目中各开关的状态采用 CPU 查询的方式来获取,转向灯闪烁、车身灯闪烁的周期均设为 1 s,方波高电平和低电平时长均为 0.5 s,0.5 s 的延时时间用单片机内的定时器来实现。

项目描述

利用相应开关和发光二极管采用 Proteus 仿真软件设计模拟汽车小灯、近光灯、远光灯、转向灯及双闪灯(危险报警指示灯)和制动灯相关控制,当小灯开关闭合时,小灯亮,否则小灯灭;近光灯开关闭合时,小灯和近光灯同时亮,否则近光灯和小灯灭;远光灯开关闭合时,远光灯亮,否则灭;左转向灯开关闭合时,左转向灯闪烁,否则灭,右转向灯开关闭合时,右转向灯闪烁、否则灭;双闪开关闭合时,左转向灯和右转向灯及车身灯闪烁,否则灭;制动灯开关闭合时,制动灯亮,否则灭。

项目实施

一、硬件电路设计

本系统由时钟电路、复位电路、单片机、开关电路及 LED 指示灯电路组成,如图 11-1 所示。

如图 11-2 所示,LED 采用低电平点亮方式,阳极通过限流电阻接电源,阴极接单片机 I/O 口。开关一端接地,另一端接单片机 I/O 口,同时通过上拉电阻接电源。当开关未闭合时,对应 I/O 口为高电平,当开关闭合时,对应 I/O 口为低电平。

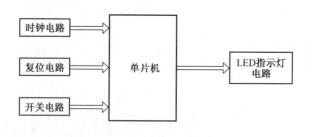

图 11-1　系统框图

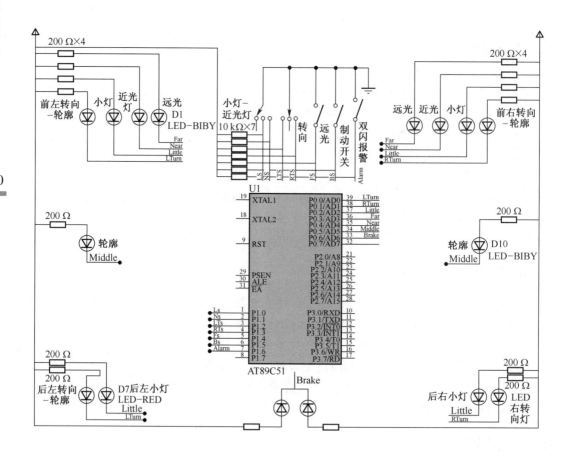

图 11-2　汽车信号灯控制仿真电路

二、软件设计

1. 程序流程

本系统程序包括主程序和中断服务子程序。主程序流程如图 11-3 所示，中断服务子程序流程如图 11-4 所示。

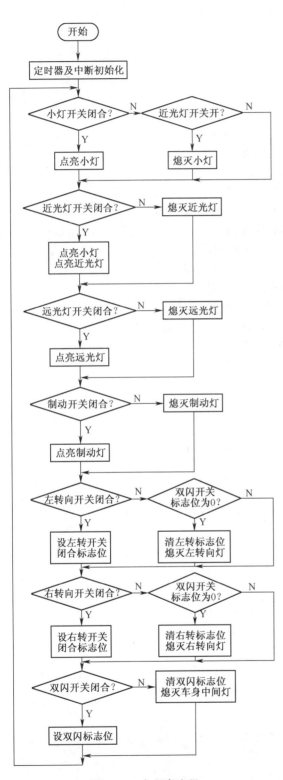

图 11-3　主程序流程

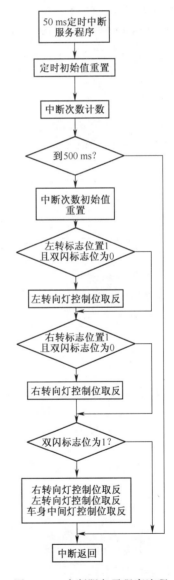

图 11-4　中断服务子程序流程

2. 程序设计

C语言源程序代码如下：

```c
1.  #include<reg51.h>
2.  #define uchar unsigned char
3.  #define uint unsigned int
4.  sbit LTurn = P0^0;              //左转向灯控制信号引脚
5.  sbit RTurn = P0^1;             //右转向灯控制信号引脚
6.  sbit Little = P0^2;            //小灯控制引脚
7.  sbit Far = P0^3;               //远光灯控制引脚
8.  sbit Near = P0^4;             //近光灯控制引脚
9.  sbit Middle = P0^5;          //车身(双闪)灯控制引脚
10. sbit Brake = P0^6;           //制动灯控制引脚
11. sbit LS = P1^0;              //小灯开关控制引脚
12. sbit NS = P1^1;              //近光灯灯开关控制引脚
13. sbit LTS = P1^2;             //左转向灯开关控制引脚
14. sbit RTS = P1^3;             //右转向灯开关控制引脚
15. sbit FS = P1^4;              //远光灯控制引脚
16. sbit BS = P1^5;              //制动灯控制引脚
17. sbit Alarm = P1^6;           //双闪开关控制引脚
18. bit LTflag = 0,RTflag = 0;AlarmFlag;
19. uchar times = 0x0a;
20. //= = = = = = = = = = = = =定时中断服务子程序 = = = = = = = = = = = = = = = =
21. void Time0_int(void)interrupt 1 using 1
22. {
23.     TH0 = 0x3c;                //定时 50 ms 初始值
24.     TL0 = 0x0b0;
25.     times--;                   //中断次数计数
26.   if(times = = 0)
27.   {
28.   times = 0x0a;
29.   if((LTflag = = 1)&&(AlarmFlag = = 0))LTurn = ~LTurn;
30.   if((RTflag = = 1)&&(AlarmFlag = = 0))RTurn = ~RTurn;
31.   if(AlarmFlag = = 1)
32.     {
33.       Middle = ~Middle;
34.       LTurn = ~LTurn;
35.       RTurn = ~RTurn;
36.   }
37.   }
38. }
39. //= = = = = = = = = = = = = = = = = =主程序 = = = = = = = = = = = = = = = = =
40. void main()
```

```c
41.    {
42.    TMOD=0x51;                    //定时/计数器 T0、T1工作模式方式设置
43.    TH0=0x3c;                     //T0 50 ms 初始值
44.    TL0=0xB0;
45.    EA=1;                         //开中断
46.    ET0=1;                        //开 T0 中断
47.    TR0=1;                        //启动 T0
48.    while(1)
49.    {
50.    if(LS==0)  Little=0;          //小灯亮
51.    else if(LS==1)Little=1;       //小灯灭
52.    if(NS==0)                     //近光灯开关
53.    {
54.       Near=0;                    //近光灯亮
55.       Little=0;                  //小灯亮
56.       }
57.    else Near=1;                  //近光灯灭
58.    if(FS==0) Far=0;              //远光灯亮
59.    else if(FS==1) Far=1;         //远光灯亮
60.    if(BS==0) Brake=0;            //制动灯亮
61.    else Brake=1;                 //制动灯灭
62.    if(LTS==0) LTflag=1;          //左转向灯开关开标志
63.    else if(AlarmFlag==0)         //左转向灯开关闭合,双闪开关闭合
64.    {
65.    LTflag=0;                     //左转向标志清零
66.    LTurn=1;                      //左转向灯灭
67.    }
68.    if(RTS==0)RTflag=1;           //右转向开关开
69.    else if(AlarmFlag==0)         //右转向开关关,双闪开关关
70.    {
71.    RTflag=0;                     //右转向标志清零
72.    RTurn=1;                      //右转向灯灭
73.    }
74.    if(Alarm==0)
75.    {
76.       AlarmFlag=1;               //双闪开关打开标志
77.       }
78.    else
79.       {
80.       AlarmFlag=0;               //双闪开关关标志
81.       Middle=1;                  //双闪车身中间灯灭
82.       }
```

```
83.    }
84. }
```

三、Proteus 仿真

（1）用 Proteus 打开已绘制好的电路仿真图，并将最后调试完成的程序重新编译生成新的 . HEX 文件导入 Proteus 中。

（2）在 Proteus ISIS 编辑窗口中单击 ▶ 按钮，闭合小灯开关，观察到小灯亮，如图11-5所示。

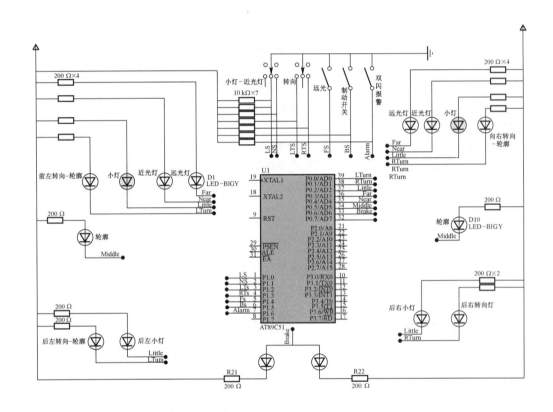

图 11-5   闭合小灯开关，小灯亮

（3）闭合近光灯开关，观察到小灯和近光灯均点亮，如图 11-6 所示。

（4）左转向灯开关闭合时，左转向灯点亮，如图 11-7 所示。

（5）逐一闭合其他各开关，观察各灯点亮或闪烁情况，均正常。

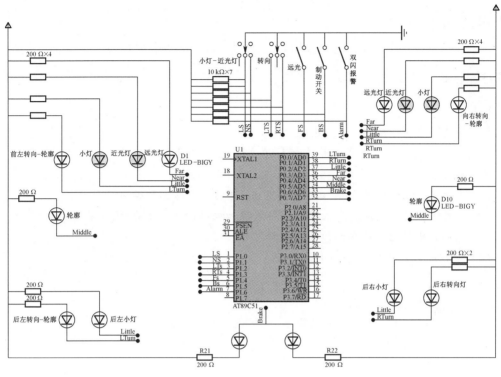

图 11-6 闭合近光灯开关,小灯和近光灯均点亮

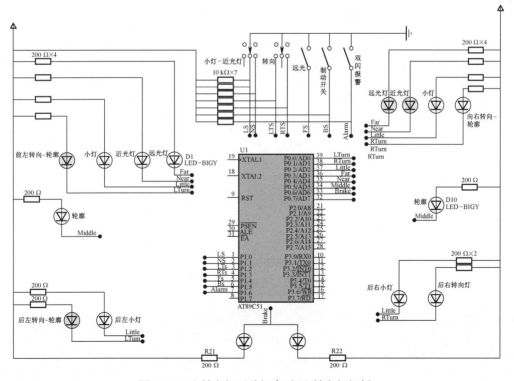

图 11-7 左转向灯开关闭合时,左转向灯闪烁

项目小结

本项目设计了一个汽车信号灯控制系统,给出了仿真电路及软件设计。

习题

操作题

设计电路和程序,实现以下功能:

在参考电路基础上增加雾灯开关和雾灯功能,当雾灯开关闭合时,雾灯亮;否则雾灯灭。

要求如下:

(1)进行单片机应用电路分析,并完成Proteus仿真电路图的绘制。

(2)根据任务要求进行单片机控制程序流程和程序设计思路分析,画出程序流程图。

(3)在Keil中进行源程序的编写与编译工作。

(4)在Proteus中进行程序的调试与仿真工作,最终完成实现上述功能。

项目十二

直流电动机转速和转向控制系统的设计

学习目标

（1）掌握 PWM 控制直流电动机转速的原理；

（2）掌握直流电动机转向控制的原理；

（3）掌握直流电动机转速和转向控制系统的硬件电路设计和程序设计。

相关知识

一、直流电动机概述

电动机（俗称"马达"）是指依据电磁感应定律实现电能转换或传递的一种电磁装置。它的主要作用是产生驱动转矩，作为用电器或各种机械的动力源。电动机按工作电源种类划分，可分为直流电动机和交流电动机。

直流电动机的物理模型。图 12-1 所示为直流电动机的物理模型。其中，固定部分有磁铁，这里称为主磁极；固定部分还有电刷。转动部分有环形铁芯和绕在环形铁芯上的绕组。其中 2 个小圆圈是为了方便表示该位置上的导体电势或电流的方向而设置的。

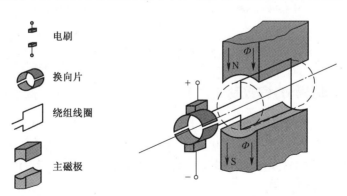

电刷

换向片

绕组线圈

主磁极

图 12-1　直流电动机的物理模型

它的固定部分（定子）上，装设了一对直流励磁的静止的主磁极 N 和 S，在旋转部分（转子）上装设电枢铁芯。定子与转子之间有一气隙。在电枢铁芯上放置了两根导体连成的电枢线圈，线圈的首端和末端分别连到两个圆弧形的铜片上，此铜片称为换向片。换向片之间互相绝缘，由换向片构成的整体称为换向器。换向器固定在转轴上，换向片与转轴之间亦互相绝缘。在换向片上放置着一对固定不动的电刷，当电枢旋转时，电枢线圈通过换向片和电刷与外电路接通。

对上述直流电动机，如果去掉原动机，并给两个电刷加上直流电源，如图 12-2(a)所示，则有直流电流从电刷 A 流入，经过线圈 abcd，从电刷 B 流出，根据定律，载流导体 ab 和 cd 受到电磁力的作用，其方向可由左手定则判定，两段导体受到的力形成了一个转矩，使得转子逆时针转动。如果转子转到如图 12-2(b)所示的位置，电刷 A 和换向片 2 接触，电刷 B 和换向片 1 接触，直流电流从电刷 A 流入，在线圈中的流动方向是 dcba，从电刷 B 流出。

此时载流导体 ab 和 cd 受到电磁力的作用方向同样可由左手定则判定，它们产生的转矩仍然使得转子逆时针转动。这就是直流电动机的工作原理。外加的电源是直流的，但由于电刷和换向片的作用，在线圈中流过的电流是交流的，其产生的转矩的方向却是不变的。

实际的直流电动机转子上的绕组也不是由一个线圈构成，同样是由多个线圈连接而成，以减少电动机电磁转矩的波动，绕组形式同发电机。

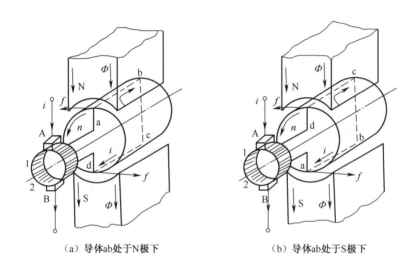

  (a) 导体ab处于N极下   (b) 导体ab处于S极下

图 12-2 直流电动机工作模型

二、直流电动机旋转方向控制

如图 12-3 所示，当 P2.1 端输入为低电平时，Q3 和 Q2 截止，Q7 和 Q1 导通，此时图中电动机左端为高电平，当 P2.2 端输入高电平时，Q5 和 Q6 导通，Q4 和 Q8 截止，电动机右端为低电平，电流从 Q1 流向 Q5，电动机正转；而当 P2.2 端输入低电平时，Q5 和 Q6 截止，Q4 和 Q8 导通，没有电流通过电动机。

当 P2.1 端输入为高电平时，Q3 和 Q2 导通，Q7 和 Q1 截止，此时图中电动机左端为低电平，当 P2.2 端输入低电平时，Q5 和 Q6 截止，Q4 和 Q8 导通，电动机右端为高电平，电流从 Q4 流向 Q2，电动机反转；而当 P22 端输入高电平时，Q5 和 Q6 导通，Q4 和 Q8 截止，没有电流通过电动机。

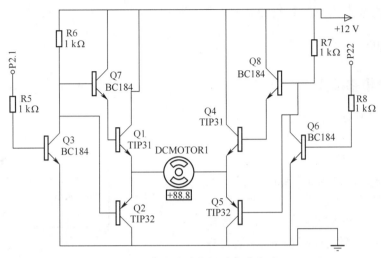

图 12-3　直流电动机驱动仿真电路

三、直流电动机转速控制

1. PWM 控制原理

占空比可变的脉冲称为脉冲宽度调制信号(Pulse Width Modulation),简称 PWM 波或脉宽调制信号。

所谓占空比,就是指输出的 PWM 波形中,高电平保持的时间与该 PWM 波形的周期之间的比值。如图 12-4 所示,假如 1 个 PWM 波形的频率是 1 000 Hz,即它的周期 T 是 1 000 μs,若在这个周期内,高电平出现的时间 t 为 200 μs,那么它的占空比就是 $t:T=200:1\,000$,即 20%。

PWM 波的平均电压值可用下式来计算

$$\overline{U} = \frac{t}{T} \times U_P$$

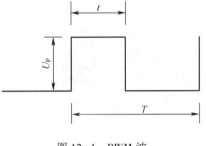

图 12-4　PWM 波

式中,$\overline{U}$ 为电压的平均值,U_P 为脉冲电压幅值,t/T 为脉冲的占空比,在 U_P 不变的情况下,电压平均值与占空比成正比。

以正转为例。如图 12-3 所示,使 P21 端输入保持为低电平并使 P22 端输入为占空比可变的 PWM 波,就可在直流电动机两端得到占空比可变的 PWM 波,由于直流电动机的转速与其两端电压的平均值成正比,所以只需改变 P22 端 PWM 波的占空比,就可改变直流电机的转速。

脉冲宽度调制是单片机上常用的模拟量输出控制方法,通过外接的转换电路,可以将占空比不同的脉冲转变成不同的电压,驱动直流电动机以不同的转速转动。

项目描述

设计一个直流电动机控制系统,采用 PWM 的方法,通过按键改变转速和转动方向,设置

0~5六个转速等级,并通过数码管显示转速等级。

项目实施

一、硬件电路设计

如图12-5所示,整个系统由单片机最小系统、按键、数码管、电动机驱动电路、直流电动机及电源组成。

如图12-6所示,按键电路共有3个,分别为加速键、减速键及正反转键。数码管速度等级显示电路为一位共阳极数码管,段码由P0口提供,位码由P2.3通过三极管Q9进行驱动。Q9工作在开关状态,当P2.3为低电平时,Q9导通,数码管公共端为高电平;当P2.3为高电平时,Q9截止,数码管公共端为高电平。电动机驱动电路接电源12 V。

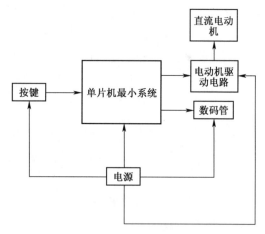

图12-5　系统框图

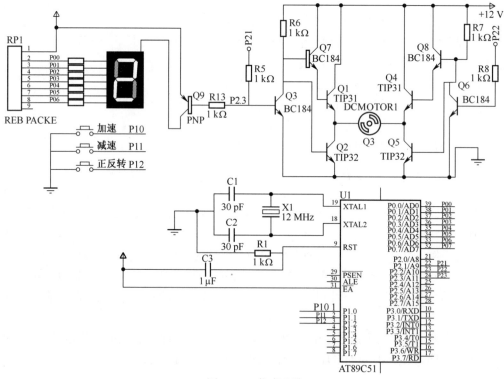

图12-6　仿真电路

电路中所用元器件见表12-1。

表 12-1　元器件配置表

名　　称	型　　号	数　量	Proteus 中元器件名称
单片机	AT89C51	1	AT89C51
陶瓷电容器	30 pF	2	CAP
电解电容器	22 μF	1	CAP-ELEC
晶振	12 MHz	1	CRYSTAL
数码管	共阳，绿色	1	LED-GREEN
电阻器	1 kΩ	6	RES
按键		3	BUTTON
三极管	PNP	1	PNP
三极管	NPN	4	BC184
三极管	PNP	2	TIP32
三极管	NPN	2	TIP31
直流电动机		1	MOTOR-DC

二、软件设计

系统程序主要有按键程序、显示程序、定时器 T0 中断程序和主程序。按键程序完成电动机加速、减速和正反转控制设置。显示程序用来显示 6 级速度等级。

1. 程序流程

如图 12-7(a)所示，主程序完成系统初始化、键盘速度设置和速率等级显示。系统初始

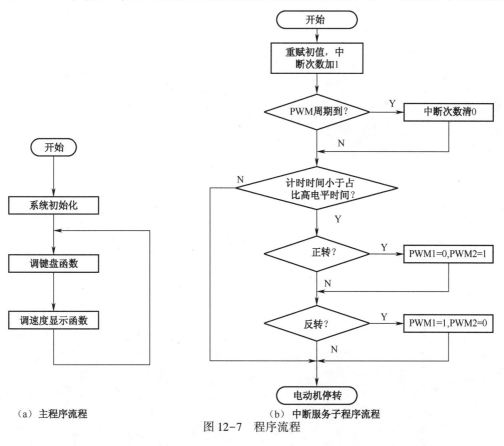

（a）主程序流程　　　　　　（b）中断服务子程序流程

图 12-7　程序流程

化包括变量初始值的定义、中断初始化及启动定时器,通过调键盘函数进行加速、减速、正反转控制,通过调速度显示函数进行 6 级转速的显示。

如图 12-7(b)所示,定时器 T0 中断子程序根据按键设置进行电动机正反转控制。

2. 程序设计

```c
1. /* * * * * * * * * * * * * * *直流电机控制* * * * * * * * * * * * * * * * * */
2. #include<reg52.h>                    //头文件
3. #define uchar unsigned char          //宏定义
4. #define uint unsigned int
5. #define CYCLE 10                      //定义 PWM 的周期 T 为 10 ms
6. uchar code table[]={                  //共阳极数码管数组 0~9
7.               0xc0,0xf9,0xa4,0xb0,0x99,0x92,0x82,0xf8,0x80,0x90
8.               };
9. /* * * * * * * * * * * * * * *端口定义* * * * * * * * * * * * * * * * * * * */
10. sbit PWM1=P2^1;                      //PWM 输出口 1(电动机正转)
11. sbit PWM2=P2^2;                      //PWM 输出口 2(电动机反转)
12. sbit K1=P1^0;                        //加速
13. sbit K2=P1^1;                        //减速
14. sbit K3=P1^2;                        //正反转
15. sbit W1=P2^3;                        //数码管位选
16. /* * * * * * * * * * * * * * *变量定义* * * * * * * * * * * * * * * * * * * */
17. uchar PWM_ON=0;                      //PWM 高电平时间
18. uchar count=0;                       //中断计时
19. char num=0;
20. uchar flat=0;                        //正反转标示位
21. /* * * * * * * * * * * * * * *延时子函数* * * * * * * * * * * * * * * * * * * */
22. void delayms(uint xms)
23. {
24.     uint i,j;
25.     for(i=xms;i>0;i--)
26.     for(j=110;j>0;j--);
27. }
28. /* * * * * * * * * * * * * * *按键子函数* * * * * * * * * * * * * * * * * * * */
29.   void key()
30.   {
31.     if(K1==0)                        //加速键
32.     {
33.       delayms(5);
34.       if(K1==0){ while(! K1);
35.           if(num<5)num++;
36.     }
37. }
38.     if(K2==0)                        //减速键
```

```
39.        {
40.          delayms(5);
41.          if(K2==0){ while(! K2);
42.              if(num>0) num--;
43.          }
44.      }
45.        if(K3==0)                        //电动机正反转按键
46.      {
47.          delayms(5);
48.          if(K3==0){while(! K3);
49.            flat++;
50.            if(flat==2)flat=0;
51.      }
52.    }
53.        switch(num)
54.      {
55.        case 0: PWM_ON=0;  break;         //占空比为 00%
56.        case 1: PWM_ON=2;  break;         //占空比为 20%
57.        case 2: PWM_ON=4;  break;         //占空比为 40%
58.        case 3: PWM_ON=6;  break;         //占空比为 60%
59.        case 4: PWM_ON=8;  break;         //占空比为 80%
60.        case 5: PWM_ON=10; break;         //占空比为 100%
61.        default: break;
62.      }
63. }
64. /* * * * * * * * * * * * *显示子程序* * * * * * * * * * * * * * * * * * * */
65. void display()
66. {
67.    P0=table[num];
68. }
69. /* * * * * * * * * * * * *主程序* * * * * * * * * * * * * * * * * * * * * */
70. void main()
71.    {
72.        PWM1=1;                          //初始化
73.        PWM2=1;
74.        W1=0;                            //数码管位选选通
75.        TMOD=0x01;                       //定时器 T0 工作于方式 1
76.        TH0=(65536-1000)/256;            //赋初值
77.        TL0=(65536-1000)%256;
78.        EA=1;                            //开中断
79.        ET0=1;                           //开 T0 中断
80.        TR0=1;                           //启动定时器 T0
```

```
81.      while(1)
82.      {
83.          key();                          //调键扫描
84.          display();                      //调显示
85.      }
86. }
87. /* * * * * * * * * * * * *定时器 T0 中断服务子程序* * * * * * * * * * * * * */
88. void T0_time() interrupt 1
89. {
90.      TH0 = (65536-1000)/256;             //重赋初值
91.      TL0 = (65536-1000)% 256;
92.      count++;                            //中断次数加 1
93.      if(count>CYCLE)                     //定时时间 10 ms 到,即 PWM 周期到,计数清 0
94.      count = 0;
95.      if(count<PWM_ON)                    //如果计时时间小于高电平时间,电动机转动
96.      {
97.          if(flat = = 0)                  //正转
98.          {
99.              PWM1 = 0;
100.             PWM2 = 1;
101.         }
102.         if(flat = = 1)                  //反转
103.         {
104.             PWM1 = 1;
105.             PWM2 = 0;
106.         }
107.     }
108.     else                               //如果计时时间大于等于高电平时间,电动机停止
109.     {
110.         PWM1 = 1;
111.         PWM2 = 1;
112.     }
113. }
```

三、Proteus 仿真

（1）用 Proteus 打开已绘制好的电路仿真图,并将最后调试完成的程序重新编译生成新的 . HEX 文件导入 Proteus 中。

（2）在 Proteus ISIS 编辑窗口中单击 ▶ 按钮,出现图 12-8 所示初始状态,数码管显示速率等级为 0,电动机正转。

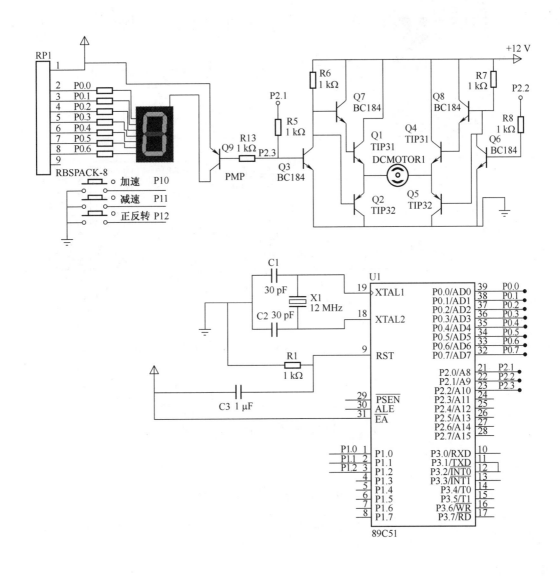

图 12-8　仿真结果一

（3）按下"加速"键,数码管显示转速为1,电动机仍为正转,如图12-9所示。

（4）连续按下加速键,观察到数码管显示数字连续加1,直到显示"5",电动机转向不变。

（5）连续按下减速键,观察到数码管显示数字连续减1,直到显示"0",电动机转向不变。

（6）按下正反转键,观察到电动机变为反转,再次按下正反转键,电动机又变为正转。如此循环。

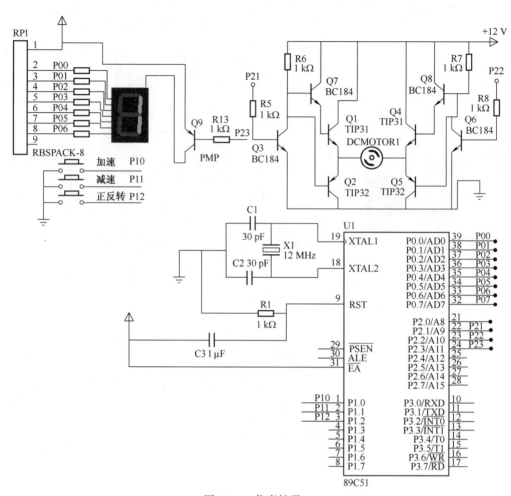

图 12-9　仿真结果二

项目小结

本项目介绍了直流电动机的转动原理、转动方向的控制原理及 PWM 控制直流电动机的转向原理,给出了直流电动机转速和转向控制系统的仿真电路、程序流程及 C 语言源程序代码。

习题

简答题

1. 简述 PWM 控制直流电动机转速的原理。

2. 简述直流电动机改变转向的原理。

项目十三

汽车车窗玻璃升降及雨刷控制系统的设计

学习目标

(1)熟悉汽车玻璃升降控制原理;

(2)熟悉汽车雨刷控制原理;

(3)熟练掌握直流电动机正反转及转速控制方法;

(4)掌握单片机控制直流电机的电路及程序设计方法。

相关知识

直流电动机的转速与其两端的平均电压成比例,而其两端的平均电压与加在其两端的PWM波形的占空比成正比,因此电机的转速与PWM波占空比成正比例,占空比越大,电机转得越快,当占空比 $\alpha=1$ 时,直流电动机转速最大。

项目描述

左右玻璃上升开关闭合后,对应电机正转;左右玻璃下降开关闭合后,对应电机反转;雨刷 1 挡开关闭合后,电机低速循环正转半圈,反转半圈;雨刷 2 挡开关闭合后,电机高速循环正转半圈,反转半圈。

项目实施

一、硬件电路设计

如图 13-1 所示,本系统由时钟电路、复位电路、开关电路、单片机、电动机驱动电路及直流电动机组成。

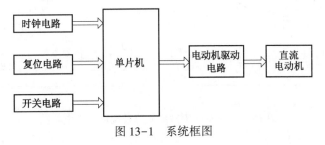

图 13-1　系统框图

如图 13-2 所示，开关一端接地，另一端接单片机 I/O 口，同时通过上拉电阻接电源。在开关未闭合时，对应 I/O 口为高电平，当开关闭合时，对应 I/O 口为低电平。

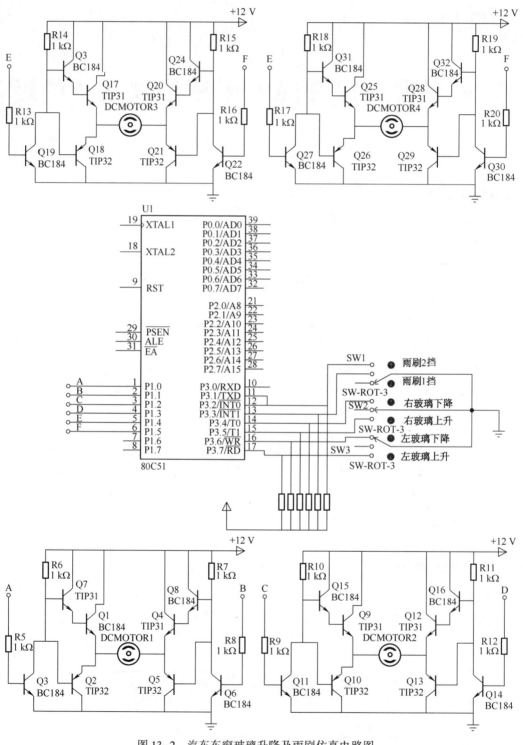

图 13-2　汽车车窗玻璃升降及雨刷仿真电路图

二、软件设计

1. 程序流程

本系统程序包括主程序和中断服务子程序。主程序流程见图 13-3 所示,中断服务子程序流程如图 13-4 所示。

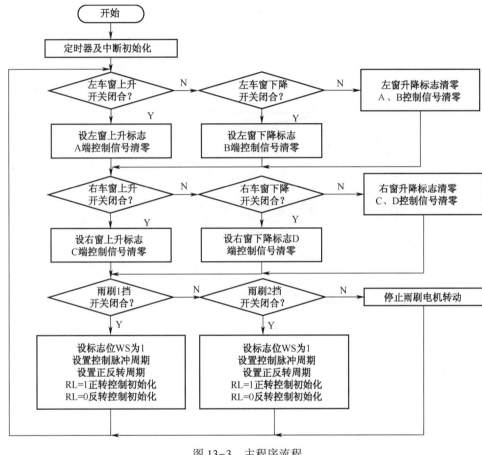

图 13-3　主程序流程

2. 程序设计

C 语言源程序代码如下:

```
1. #include <reg51.h>
2. #define uchar unsigned char
3. #define int unsigned int
4. sbit LGlassUp = P3^7;        //左玻璃上升开关控制引脚
5. sbit LGlassDown = P3^6;      //左玻璃下降开关控制引脚
6. sbit RGlassUp = P3^5;        //右玻璃上升开关控制引脚
7. sbit RGlassDown = P3^4;      //右玻璃下降开关控制引脚
8. sbit WiperSlow = P3^3;       //1 挡雨刷开关控制引脚
9. sbit WiperFast = P3^2;       //2 挡雨刷开关控制引脚
```

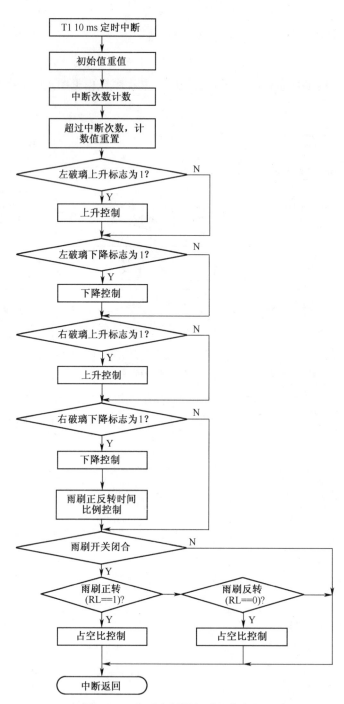

图 13-4　定时中断服务子程序流程

```
10. sbit LGlassA = P1^0;                    //左车窗玻璃电机控制引脚 A
11. sbit LGlassB = P1^1;                    //左车窗玻璃电机控制引脚 B
12. sbit RGlassC = P1^2;                    //右车窗玻璃电机控制引脚 C
13. sbit RGlassD = P1^3;                    //右车窗玻璃电机控制引脚 D
```

```
14. sbit WiperE = P1^4;                            //雨刷电机控制引脚 E
15. sbit WiperF = P1^5;                            //雨刷电机控制引脚 F
16. uchar timesdata = 0x00,PWMdata = 6,PWMdataB = 6,PWMdataT = 0,PWMdataC = 0,
    timesdataB = 0;
17. bit LGU = 0,LGD = 0,RGU = 0,RGD = 0,WS = 0,RL = 0;
18. void Time1_int(void) interrupt 3 using 2       //中断服务子程序
19. {
20.     TH1 = (65536-10 000)/256;                  //使用定时器 T1,定时时间为 10 ms
21.     TL1 = (65536-10 000)%256;
22.     timesdata++;                               //中断次数计数
23.     timesdataB++;
24.   if(timesdata = = 20)                         //设定玻璃升降控制脉冲周期
25.         timesdata = 0;
26.     if(timesdataB = = PWMdataT)                //设定雨刷输出脉冲周期
27.         timesdataB = 0;
28.   if(LGU = = 1)                                //左玻璃上升标志
29.     {
30.         if(timesdata<PWMdata)                  //控制占空比
31.             LGlassB = 0;
32.       else
33.             LGlassB = 1;
34.     }
35.     if(LGD = = 1)                              //右玻璃下降标志
36.     {
37.         if(timesdata<PWMdata)                  //控制占空比
38.             LGlassA = 0;
39.       else
40.             LGlassA = 1;
41.     }
42.     if(RGU = = 1)                              //右玻璃上升标志
43.     {
44.       if(timesdata<PWMdata)                    //控制占空比
45.             RGlassD = 0;
46.       else
47.             RGlassD = 1;
48.     }
49.         if(RGD = = 1)                          //右玻璃下降标志
50.     {
51.       if(timesdata<PWMdata)                    //控制占空比
52.             RGlassC = 0;
53.       else
54.             RGlassC = 1;
```

```
55.            }
56.        if(timesdataB==PWMdataC) RL=~RL;     //设置雨刷正反转时间比例
57.            if(WS==1)                        //雨刷开关
58.            {
59.            if(RL==1)                         //正转
60.            {
61.        if(timesdataB<PWMdataB)               //占空比控制
62.            WiperE=0;
63.        else
64.            WiperE=1;
65.        }
66.        else                                  //反转
67.        {
68.        if(timesdataB<PWMdataB)               //占空比控制
69.            WiperF=0;
70.        else
71.            WiperF=1;
72.        }
73.        }
74.    }
75. // ===================主程序===================
76.    void main()
77.    {
78.    TMOD=0x10;                                //使用定时器 T1
79.    TH1=(65536-10 000)/256;                   //
80.    TL1=(65536-10 000)%256;
81.    EA=1;                                     //开中断总开关
82.    ET1=1;                                    //开定时器 T1 中断
83.    TR1=1;                                    //启动定时器 T1
84.    while(1)
85.    {
86.        if(LGlassUp==0)                       //左玻璃上升开关开
87.        {
88.        LGlassA=0;                            //A 端为 0(B 端输出脉冲)
89.        LGU=1;                                //左玻璃上升开关开标志
90.        }
91.        else if(LGlassDown==0)                //左玻璃下降开关开
92.        {
93.            LGlassB=0;                        //B 端为 0(A 端输出脉冲)
94.            LGD=1;                            //左玻璃下降开标志
95.        }
96.        else                                  //左玻璃开关不动作
```

```
97.          {
98.              LGlassA=0;              //A、B端都为0
99.              LGlassB=0;
100.             LGD=0;                  //标志位为0
101.         }
102.     if(RGlassUp==0)                 //右玻璃上升开关开
103.         {
104.             RGlassC=0;              //C端为0(D端输出脉冲)
105.             RGU=1;
106.         }
107.     else if(RGlassDown==0)          //右玻璃下降开关开
108.         {
109.             RGlassD=0;
110.             RGD=1;
111.         }
112.     else                            //右玻璃不动作
113.         {
114.             RGlassC=0;
115.             RGlassD=0;
116.             RGD=0;
117.     }
118.     if(WiperSlow==0)                //雨刷1档开关开
119.         {
120.             WS=1;                   //雨刷标志
121.             PWMdataT=180;           //设置雨刷周期
122.             PWMdataC=90;            //正反转周期
123.             PWMdataB=160;           //占空比(180-160)/180
124.             if(RL==1)WiperF=0;if(RL==0)WiperE=0;   //正转,反转
125.         }
126.     else if(WiperFast==0)           //雨刷2档开关开
127.         {
128.             WS=1;                   //设置雨刷标志
129.             PWMdata=100;            //设置雨刷周期
130.             PWMdataC=50;            //正反转周期
131.             PWMdataB=5;             //占空比(100-5)/100
132.             if(RL==1)WiperF=0;      //正转(E端输出脉冲)
133.             if(RL==0)WiperE=0;      //反转(F端输出脉冲)
134.         }
135.     else                            //雨刷无动作
136.             {
137.             WiperF=0;               //F端输出0
138.             WiperE=0;               //E端输出0
```

```
139.        }
140.    }
141. }
```

三、Proteus 仿真

（1）用 Proteus 打开已绘制好的电路仿真图，并将最后调试完成的程序重新编译生成新的 . HEX 文件导入 Proteus 中。

（2）在 Proteus ISIS 编辑窗口中单击 ▶ 按钮，分别闭合各开关，观察到电机运转情况均正常。

 项目小结

本项目设计了一个汽车车窗玻璃升降控制与雨刷控制系统，给出了相应的电路及软件设计。

 习题

操作题

在上述基础上增加雨刷三档控制开关，编程控制三挡高速雨刷功能。

要求如下：

（1）进行单片机应用电路分析，并完成 Proteus 仿真电路图的绘制。

（2）根据任务要求进行单片机控制程序流程和程序设计思路分析，画出程序流程图。

（3）在 Keil 中进行源程序的编写与编译工作。

（4）在 Proteus 中进行程序的调试与仿真工作，最终完成实现上述功能。

项目十四

数字钟的设计

学习目标

(1)熟练掌握 AT89C51 内部定时/计数器的原理及应用。

(2)掌握多位数码管动态显示的方法。

(3)熟练掌握多个独立按键的读键和处理方法。

相关知识

在此设计中,选择 16 位定时工作方式。对于 T0 来说,系统时钟为 12 MHz,最大定时也只有 65 536 μs,也就是 65.536 ms,无法达到我们所需要的 1 s,因此,必须通过软件来处理这个问题,假设取 T0 的最大定时为 50 ms,即要定时 1 s 需要经过 20 次的 50 ms 的定时,对于这 20 次计数,就可以采用软件的方法来统计了。

设定定时/计数器 T0 的初值,通过下面的公式可以计算出,即

$$TH0 = (2^{16} - 50\ 000)/256$$
$$TL0 = (2^{16} - 50\ 000)\%256$$

这样,当定时/计数器 T0 计满 50 ms 时,产生一个中断,当产生 20 次中断时即达到 1 s。我们可以在中断服务子程序中,对中断次数加以统计,以实现数字钟的逻辑功能。

项目描述

用 AT89C51 单片机的定时/计数器 T0 产生 1 s 的定时时间,作为秒计数时间。上电后首先显示 00-00-00 的时间,然后开始计时,计时满 23-59-59 时,返回 00-00-00 重新计时。P1.4 控制"秒"的调整,每按一次加 1 s;P1.5 控制"分"的调整,每按一次加 1 min,P1.6 控制"时"的调整,每按一次加 1 h。在计时过程中如果按下复位键,则返回 00-00-00 重新计时。

项目实施

一、硬件电路设计

如图 14-1 所示,本系统由时钟电路、复位电路、按键电路、单片机及数码管显示电路组成。

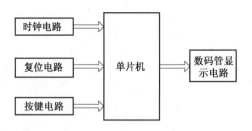

图 14-1　系统框图

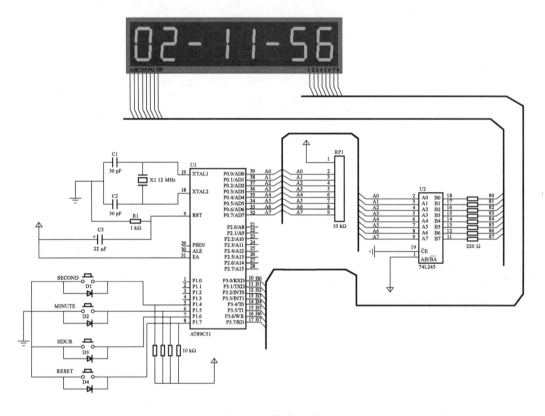

图 14-2　仿真电路

按键电路的功能是设置时、分、秒和复位，如图 14-2 所示，时、分、秒的设置和复位由单片机的 P1.4~P1.7 控制。显示电路由 8 位一体共阴数码管、8 个限流电阻、一个排阻及三态缓冲器 74LS245 组成。

74LS245 是 8 路 3 态双向缓冲驱动，也叫作总线驱动门电路或线驱动。主要使用在数据的双向缓冲，原来常见于 51 的数据接口电路，比如，早期电路中，扩展了 8255/8155/8251/8253/573 等芯片时，担心 8031 的数据驱动能力不足，就使用一片 74LS245 作为数据缓冲电路，增强驱动能力。74LSZ45 也常见与 ISA 卡的接口电路。74LS245 的引脚结构如图 14-3 所示。

74LS245 内部有 16 个三态驱动器，每个方向 8 个。在控制端 G 有效时（G 为低电平），由 DIR 端控制驱动方向：DIR 为"1"时方向从左到右（输出允许），DIR 为"0"时方向从右到左

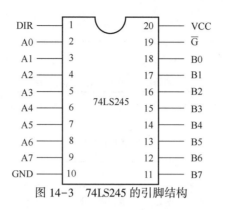

图 14-3 74LS245 的引脚结构

（输入允许）。即

G=0,DIR=0,B→A;

G=0, DIR=1, A→B;

G=1, DIR=X, X=0 或者 1,输入和输出均为高阻态;高阻态的含意就是相当于没有这个芯片。

仿真电路图中所用元器件见表 14-1。

表 14-1　元器件配置表

名　　称	型　　号	数　量	Proteus 中元器件名称
单片机	AT89C51	1	AT89C51
陶瓷电容	30 pF	2	CAP
电解电容	22 μF	1	CAP-ELEC
晶振	12 MHz	1	CRYSTAL
数码管	共阴、八位一体	1	7SEG-MPX8-CC
电阻	1 kΩ	1	RES
电阻	10 kΩ	4	RES
电阻	220 Ω	8	RES
按键		4	BUTTON
稳压二极管		4	DIODE
排阻	RESPACK-8	1	RESPACK-8
双向三态数据缓冲器	74LS245	1	74LS245

二、软件设计

本系统软件包括主程序、中断服务子程序、延时子程序、扫描显示子程序、显示内容处理子程序及独立按键扫描和键值处理子程序。

1. 程序流程

如图 14-4 所示,主程序包括初始化、中断初始化启动定时器调独立按键扫描和键值处理函数及判断复位键是否按下,设置定时器 T0 定时时间为 50 ms,当中断 20 次即达到 1 s。在中断服务子程序中设置中断次数。

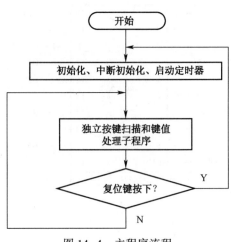

图 14-4　主程序流程

如图 14-5 所示，中断服务子程序包括重装定时器初始值，中断次数加 1，判断是否到 1 s，如果到 1 s，则秒计数加 1，当秒计数达到 60 s 时，分计数加 1；当分计数达到 60 min 时，小时计数加 1；当小时计数达到 24 h 时，所有计数清零，重新开始计时。

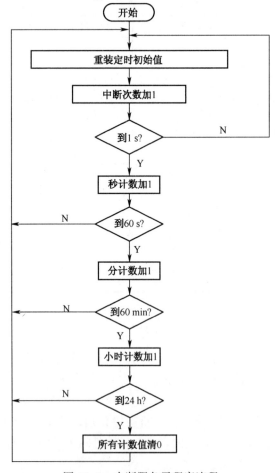

图 14-5　中断服务子程序流程

2. 程序设计

C 语言源程序代码如下：

```
1.  // * * * * * * * * * * * * * * * * * * * * * * * * * * * * * * * * * *
2.  //包含文件,程序开始
3.  // * * * * * * * * * * * * * * * * * * * * * * * * * * * * * * * * * *
4.  #include <reg51.h>
5.  #define uchar unsigned char        //宏定义
6.  #define uint  unsigned  int
7.  sbit  S_SET = P1^4;                 //位定义
8.  sbit  M_SET = P1^5;
9.  sbit  H_SET = P1^6;
10. sbit  RESET = P1^7;
11. uchar   SECOND,MINUTE,HOUR,TCNT,restar = 0; //全局变量定义
12. //行扫描数组
13. uchar  code  scan[8] = {0xfe,0xfd,0xfb,0xf7,0xef,0xdf,0xbf,0x7f};
14. //数码管显示的段码表
15. uchar code
16. table[13] = {0x3f,0x06,0x5b,0x4f,0x66,0x6d,0x7d,0x07,0x7f,0x6f,0x40,0x39,
0x00};
17. uchar  dispbuf[8];                    //显示缓冲区
18. // * * * * * * * * * * * * * * * * * * * * * * * * * * * * * * * * * *
19. //延时子程序
20. // * * * * * * * * * * * * * * * * * * * * * * * * * * * * * * * * * *
21. void  delay(uint  us)
22. {
23.   while(us--);
24. }
25. // * * * * * * * * * * * * * * * * * * * * * * * * * * * * * * * * * *
26. //扫描显示子程序
27. // * * * * * * * * * * * * * * * * * * * * * * * * * * * * * * * * * *
28. void SCANDISP()
29. {
30.     uchar i,value;
31.     for (i = 0;i<8;i++)
32.         {
33.           P3 = 0xff;
34.           value = table[dispbuf[i]];
35.           P0 = value;                 //段选码送 P0
36.           P3 = scan[i];               //位选码送 P3
37.           delay(50);                  //延时
38.         }
39. }
```

```
40. // * * * * * * * * * * * * * * * * * * * * * * * * * * * * * * * * * *
41. //定时计数器 T0 中断服务子程序
42. // * * * * * * * * * * * * * * * * * * * * * * * * * * * * * * * * * *
43. void  Timer0(void)  interrupt 1  using  1
44. {
45.    TH0 = (65535-50000)/256;              //重赋初值
46.    TL0 = (65535-50000)%256;
47.    TCNT++;                               //中断次数加 1
48.    if(TCNT==20)                          //如果满 1 s,则秒计数加 1
49.    {
50.    SECOND++;
51.    TCNT=0;
52.      if(SECOND==60)                      //如果满 60 s,则分计数加 1
53.      {
54.      MINUTE++;
55.      SECOND=0;
55.      if(MINUTE==60)                      //如果满 60 min,则时计数加 1
56.        {
57.        HOUR++;
58.        MINUTE=0;
59.        if(HOUR==24)                      //如果满 24 hour,则所有计数清零
60.        {
61.        HOUR=0;
62.        MINUTE=0;
63.        SECOND=0;
64.        TCNT=0;
65.        }
66.      }
67.    }
68. }
69. }
70. // * * * * * * * * * * * * * * * * * * * * * * * * * * * * * * * * * *
71. //显示内容处理子程序
72. // * * * * * * * * * * * * * * * * * * * * * * * * * * * * * * * * * *
73. void  DISPLAY()
74. {
75.    SCANDISP();
76.    dispbuf[6]=SECOND/10;                 //取出秒的十位的偏移量
77.    dispbuf[7]=SECOND%10;                 //取出秒的个位的偏移量
78.    dispbuf[5]=10;                        //取出"-"的偏移量
79.    dispbuf[3]=MINUTE/10;                 //取出分的十位的偏移量
80.    dispbuf[4]=MINUTE%10;                 //取出分的个位的偏移量
```

```
81.    dispbuf[2]=10;                           //取出"-"的偏移量
82.    dispbuf[0]=HOUR/10;                       //取出小时的十位的偏移量
83.    dispbuf[1]=HOUR%10;                       //取出小时的个位的偏移量
84.    }
85. // * * * * * * * * * * * * * * * * * * * * * * * * * * * * * * * * * *
86. //独立按键扫描和键值处理子程序
87. // * * * * * * * * * * * * * * * * * * * * * * * * * * * * * * * * * *
88. void  KEY_TEST()
89.    {
90.    DISPLAY();                                //显示初始值
91.    P1=0xff;
92.    restar=0;
93.    if(S_SET==0)                              //如果秒设置键被按下
94. {
95. delay(100);                                  //延时消抖
96. if(S_SET==0)                                 //再次确认秒设置键被按下
97. {
98. SECOND++;
99. if(SECOND==60)                               //如果已满60 s,归零
100.    {
101.    SECOND=0;
102.    }
103.        while(S_SET==0)DISPLAY();     //每按一次秒设置键,秒加1
104.    }
105.    }
106.    if(M_SET==0)
107.    {
108.    delay(100);
109.    if(M_SET==0)
110.      {
111.      MINUTE++;
112.      if(MINUTE==60)
113.        {
114.        MINUTE=0;
115.        }
116.        while(M_SET==0)DISPLAY();
117.      }
118.    }
119.      if(H_SET==0)
120.      {
121.      delay(100);
122.      if(H_SET==0)
```

```
123.          {
124.              HOUR++;
125.              if(HOUR==24)
126.          {
127.              HOUR=0;
128.          }
129.          while(H_SET==0)DISPLAY();
130.          }
131.          }
132.          if(RESET==0)
133.          {
134.          delay(100);
135.          if(RESET==0)
136.          {
137.              restar=1;
138.          }
139.          }
140. }
141. //*************************************
142. //主程序
143. //*************************************
144. void  main()
145. {
146. while(1)
147. {
148.    HOUR=0;                          //定义局部变量
149.    MINUTE=0;
150.    SECOND=0;
151.    TCNT=0;                          //中断次数赋初值
152.    TMOD=0x01;                       //使用定时器T0,方式1
153.    TH0=(65535-50000)/256;          //定时器赋初值,定时时间设为50 ms,
154.    TL0=(65535-50000)%256;
155.    IE=0x82;                         //开中断,开定时器T0中断
156.    TR0=1;                           //启动定时器T0
157. while(1)
158.    {
159.      KEY_TEST();                    //调独立按键扫描和键值处理函数
160.      if(restar==1)                  //如果复位键按下,则跳出循环体回到起始状态
161.      break;
162.    }
163. }
164. }
```

三、Proteus 仿真

（1）用 Proteus 打开已绘制好的电路仿真图,并将最后调试完成的程序重新编译生成新的 . HEX 文件导入 Proteus 中。

（2）在 Proteus ISIS 编辑窗口中单击 ▶ 按钮,数字钟从 00-00-00 开始计时,直到 23-59-59 后重新从 00-00-00 开始循环计时;在计时过程中每按下秒设置键一次,秒计时加 1 s;每按下分设置键一次,分计时加 1 min;按下小时设置键一次,小时计时加 1 h,当达到 23-59-59 后显示 00-00-00;如果按下复位键,则返回 00-00-00 重新计时。

 项目小结

本项目设计了一个数字钟系统,给出了相应的电路和软件设计。

习题

操作题

在上述电路和程序的基础上增加闹铃功能,用 P2.0~2.2 控制闹铃时分秒的调整,P2.0 控制"时"的调整,每按一次加 1h;P2.1 控制"分"的调整,每按一次加 1min,P2.2 控制"秒"的调整,每按一次加 1s。一旦到了设置好的闹铃时间,即发出闹铃声,直到按下停止键。

要求如下:

(1)进行单片机应用电路分析,并完成 Proteus 仿真电路图的绘制。

(2)根据任务要求进行单片机控制程序流程和程序设计思路分析,画出程序流程图。

(3)在 Keil 中进行源程序的编写与编译工作。

(4)在 Proteus 中进行程序的调试与仿真工作,最终完成实现上述功能。

项目

项目十五

节拍器的设计

学习目标

(1) 理解音调和节拍的制作原理；

(2) 熟练掌握外中断和定时中断的设计方法；

(3) 掌握节拍和乐曲制作的电路设计和程序设计。

相关知识

在音乐中，时间被分成均等的基本单位，每个单位叫作一个"拍子"或称一拍。节拍器是一种能在各种速度中发出稳定的节拍的电动或电子装置。

一般来说，单片机演奏音乐基本都是单音频率。它不包含相应幅度的谐波频率，也就是说，不能像电子琴那样奏出多种音色的声音。因此，电子音乐由音调和节拍构成，单片机奏乐只需弄清楚两个概念，也就是音调和节拍。

一、音调的确定

不同音高的乐音是用 C、D、E、F、G、A、B 来表示，这 7 个字母就是音乐的音名，它们依次唱成 Do、Re、Mi、Fa、So、La、Si，即唱成简谱的 1、2、3、4、5、6、7，相当于汉字的"哆来咪发嗦拉西"的读音，这是唱曲时乐音的发音，所以叫音调。把 C、D、E、F、G、A、B 这一组音的距离分成 12 等份，每一个等份叫一个"半音"。两个音之间的距离有两个"半音"，就叫"全音"。在钢琴等键盘乐器上，C-D、D-E、F-G、G-A、A-B 两者之间隔着一个黑键，它们之间的距离就是全音；E-F、B-C 两者之间没有黑键相隔，它们之间的距离就是半音。通常唱成 1、2、3、4、5、6、7 的音叫自然音，那些在它们的左上角加上#号或者 b 号的叫变化音。#叫升记号，表示把音在原来的基础上升高半音。b 叫作降记号，表示在原来的基础上降低半音。

要产生音频脉冲，只要算出某一音频的周期(1/频率)，然后将此周期除以2，即为半周期的时间。利用定时器计时这半个周期时间，每当计时到后就将输出脉冲的 I/O 反相，然后重复计时此半周期时间再对 I/O 反相，就可在 I/O 脚上得到此频率的脉冲。

利用 AT89C51 的内部定时器使其工作在方式1，改变计数值 TH0 及 TL0 以产生不同频率的方法。

此外，结束符和休止符可以分别用代码 00H 和 FFH 来表示，若查表结果为 00H，则表示

单片机应用技术项目化教程（C语言版）

144

曲子终了,若查表结果为 FFH,则产生相应的停顿效果。

例如,低音 LA 频率为 440 Hz,其周期＝(1/440)s＝2.272 ms,因此,只要使计数器计数个数＝(2.272 ms/2)/1 μs＝1 136 个,在每次计数 1 134 次时将 I/O 反相,就可以得以到低音 La (440 Hz)

当计数器工作在方式 1 时,其初值＝65 536-1 136＝64 400＝FB90H。

当单片机晶振为 12 MHz,计时器工作在方式 1 时,C 调各音符频率与计数器初值之间的对照如表 15-1 所示。

表 15-1　C 调各音符频率与计数器初值之间的对照表

低音	频率/Hz	计数器初值 (十六进制)	中音	频率/Hz	计数器初值 (十六进制)	高音	频率/Hz	计数器初值 (十六进制)
Do	262	F88A	Do	523	FC44	Do	1 046	FE22
Do#	277	F8F6	Do#	554	FC79	Do#	1 109	FE3D
Re	294	F95C	Re	587	FCAC	Re	1 175	FE57
Re#	311	F9B6	Re#	622	FCDC	Re#	1 245	FE6F
Mi	330	FA15	Mi	659	FD09	Mi	1 318	FE85
Fa	349	FA67	Fa	698	FD34	Fa	1 397	FE9A
Fa#	370	FAB8	Fa#	740	FD5C	Fa#	1 480	FEAE
So	392	FB04	So	784	FD83	So	1 568	FEC1
So#	415	FB4B	So#	831	FDA6	So#	1 661	FED3
La	440	FB90	La	880	FDC8	La	1 760	FEE4
La#	464	FBCF	La#	932	FDE2	La#	1 865	FEF4
Si	494	FC0C	Si	988	FE06	Si	1 976	FF03

二、节拍的确定

节拍简单说就是打拍子,就像听音乐时不由自主地随之拍手或跺脚。若 1 拍为 1 s,则 1/4 拍为 0.25 s。音持续时间的长短,即时值,一般用拍数来表示。休止符表示暂停发音。

一首乐曲是由许多不同的音符组成的,而每个音符对应着不同频率,这样就可以利用不同频率的组合,加以与拍数对应的延时,构成乐曲。每个音符使用一个字节,高 4 位代表音调,低 4 位代表节拍。表 15-2 所示为节拍数与节拍码的对照表。只要设定延时时间就可求得节拍的时间。假设 1/4 拍为 1DELAY,则 1 拍为 4DELAY,以此类推。所以只要求得 1/4 拍的 DELAY 时间,其余的节拍就是它的倍数。

表 15-2　节拍数与节拍码的对照表

节拍码	节拍数
1	1/4 拍
2	2/4 拍
3	3/4 拍
4	1 拍
5	1 又 1/4 拍
6	1 又 1/2 拍
8	2 拍
A	2 又 1/2 拍
C	3 拍
F	3 又 3/4 拍

三、编码

如表 15-3 所示为各音调的简谱码,低音 Do、Re、Mi、Fa、So、La、Si 分别编码为 1~7,中音 Do 编为 8,中音 Re 编为 9,依此类推,停顿编为 0。时长依十六分音符为单位(在本程序中为 165 ms),一拍即四分音符等于 4 个十六分音符,编为 4。其他的时长依此类推。音调作为编码的高 4 位,而时长作为低 4 位,这样音调和节拍就构成了一个编码。以 0XFF 作为乐曲的结束标志。

例如,中音 Do,时长为一拍,即四分音符,将其编码为 0X84。

又如,低音 La,时长为半拍,即八分音符,将其编码为 0X62。

表 15-3　各音调的简谱码

音调	简谱码	音调	简谱码
低音 Do	1	中音 Do	8
低音 Re	2	中音 Re	9
低音 Ml	3	中音 Mi	A
低音 Fa	4	中音 Fa	B
低音 So	5	中音 So	C
低音 La	6	中音 La	D
低音 Si	7	中音 Si	E

项目描述

设计一个基于 51 系列单片机的节拍器,同时附带音乐播放功能。

使用四个按键控制,一个用来切换到慢速节拍的状态,一个用来切换到快速节拍的状态,一个用来切换打节拍时 LED 的闪烁方式,一个用来切换歌曲,其中音乐播放共有两首歌曲,播放歌曲时,蜂鸣器发出某个音调,与之对应的 LED 亮。

项目实施

一、硬件电路设计

如图 15-1 所示,本系统由时钟电路、复位电路、单片机 AT89C51、按键输入电路、蜂鸣器和 LED 显示电路组成。

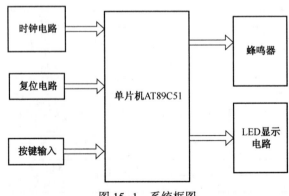

图 15-1　系统框图

如图 15-2 所示,通过 P1 口控制 LED 的闪烁。蜂鸣器的播放由 P3.7 口控制。按键输入电路由 4 个独立式按键组成。

设定了三种速度的节拍。默认速度为中速,通过 P2.2(快速)和 P2.3(慢速)口所接按钮控制另外两种速度。当按下并锁住(不弹起)"按下慢速"键后,切换到慢速节拍模式;当按下并锁住(不弹起)"按下快速"键后,切换到快速节拍模式;按下"闪烁方式切换"键后改变 LED 的闪烁方式,按下"乐曲切换"键后可切换歌曲。共有两首歌曲。

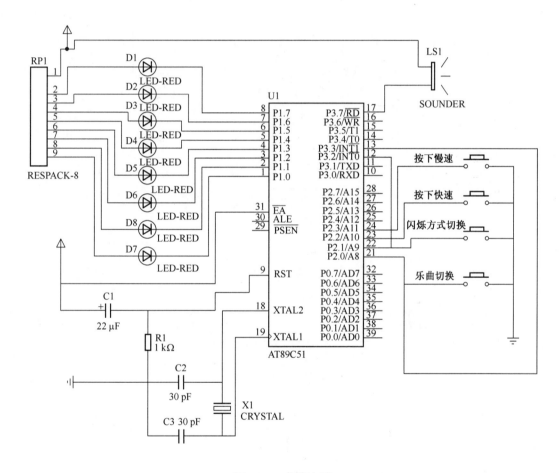

图 15-2　仿真电路

二、软件设计

1. 程序流程

本系统程序主要由主程序、播放音乐子程序、延时 165 ms 子程序、延时 1 ms 子程序,以及使蜂鸣器鸣叫一声的子程序构成。

主程序流程如图 15-3 所示。

播放音乐子程序流程如图 15-4 所示。

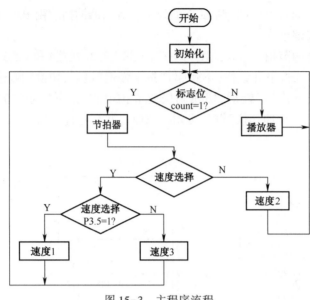

图 15-3　主程序流程

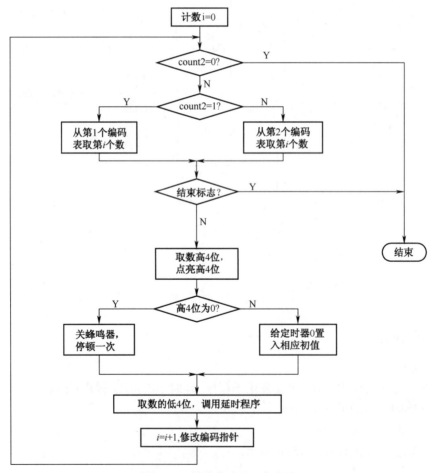

图 15-4　播放音乐子程序流程

2. 程序设计

播放的两首歌曲,一首选为"大约在冬季",另一首选为"寂寞沙洲冷"。通过改变蜂鸣器声音的延时时间来改变节拍器的速度。

C 语言源程序代码如下:

```
1.#include <reg52.h>
2.#define uchar unsigned char
3.#define uint  unsigned int
4.sbit key1 = P3^2;          //按 key1 可选择节拍器模式并切换 led 显示样式
5.sbit key2 = P3^3;          //按 key2 可选择音乐播放模式并可切换歌曲
6.sbit fm = P3^7;            //蜂鸣器连接的 IO 口
7.sbit P34 = P2^2;           //节拍器慢速模式开关
8.sbit P35 = P2^3;           //节拍器快速模式开关
9.uchar code huayang1[] = {0x7f,0xbf,0xdf,0xef,0xf7,0xfb,0xfd,0xfe,
10.0xfd,0xfb,0xf7,0xef,0xdf,0xbf};//led 样式 1
11.uchar code huayang2[] = {0x7f,0xfe,0xbf,0xfd,0xdf,0xfb,0xef,0xf7,
12.0xef,0xfb,0xdf,0xfd,0xbf,0xfe};//led 样式 2
13.uint a;
14.uchar count1;
15.uchar count2;
16.uchar timeh,timel,i;
17.//---------------------------简谱---------------------------
18.//编程规则:字节高位是简谱码,低位是节拍码,
19.//1~7 代表中央 C 调,8~E 代表高八度,0 代表停顿
20.//最后的 0xff 是结束标志
21.uchar code dyzdj[] = {//大约在冬季
22.0x81,0x82,0x81,0x02,0x81,0x91,0xA1,0xC1,0xC2,0x02,
23.//轻轻地我将离开你
24.0xA1,0xC1, 0xD2,0xA1,0xA1,0x92,0x91,0xA5,0x02,
25.//请将眼角的泪拭去
26.0xA1,0x91,0x82,0x61,0x61,0x02,0xA1,0x91,0x82,0x61,0x61,0x02,
27.//漫漫长夜里,未来日子里
28.0x61,0x81,0x92,0x81,0x81,0x81,0x91,0x81,0xC5,0x04,
29.//亲爱的你别为我哭泣
30.0x81,0x82,0x81,0x82,0x81,0x91,0xA1,0xC1,0xC2,0x02,
31.//前方的路虽然太凄迷
32.0xA1,0xC1,0xD1,0xA1,0xA1,0xA1,0xA1,0x91,0x91,0xA3,0x02,0x02,
33.//请在笑容里为我祝福
34.0xA1,0x91,0x82,0x61,0x61,0x02,0xA1,0x91,0x82,0x61,0x61,0x02,
35.//虽然迎头风,虽然下着雨
36.0x61,0x81,0x91,0x91,0x91,0x91,0x92,0x51,0x65,0x04,
37.//我在风雨之中念着你
38.0xD1,0xD2,0xD3,0xA2,0xC1,0xC2,0xC3,
```

```
39.//没有你的日子里
40.0xA1,0x91,0x82,0x82,0x81,0x92,0x81,0xA4,0x04,
41.//我会更加珍惜自己
42.0xD1,0xD2,0xD3,0xD1,0xE1,0xD1,0xC2,0xD1,0x02,
43.//没有我的岁月里
44.0xA1,0xC1,0xD2,0xA2,0x91,0x82,0xC5,0x04,0xff,
45.//你要保重你自己
46.};
47.uchar code jmsz1[]={ //寂寞沙洲冷
48.0x12,0x12,0x22,0x32,0x31,0x22,0x21,0x22,
49.//自你走后心憔悴
50.0x21,0x31,0x51,0x52,0x31,0x52,0x61,0x15,0x14,
51.//白色油桐风中纷飞
52.0x51,0x52,0x31,0x52,0x62,0x13,0x11,0x13,0x32,0x28,0x08,0x28,
53.//落花似人有情,这个季节
54.0x31,0x32,0x31,0x32,0x11,0x21,0x51,0x52,0x51,0x52,
55.//河畔的风放肆拼命地吹
56.0x51,0x51,0x31,0x32,0x31,0x32,0x81,0x72,0x63,
57.//不断拨弄离人的眼泪
58.0x62,0x71,0x81,0x72,0x61,0x61,0x52,0x31,0x21,0x32,0x51,0x54,
59.//那样浓烈的爱再也无法给
60.0x22,0x12,0x11,0x12,0x11,0x12,0x12,0x14,0x26,0x32,0x26,
61.//伤感一夜一夜
62.0x32,0x61,0x51,0x51,0x31,0x31,0x21,0x31,0x51,0x61,0x51,0x31,0x51,
63.//当记忆的线缠绕过往支离破碎
64.0x02,0x32,0x81,0x81,0x81,0x81,0x62,0x52,0x34,
65.//是慌乱占据了心扉
66.0x31,0x81,0x81,0x81,0x61,0x91,0x82,
67.//有花儿伴着蝴蝶
68.0x51,0x51,0x51,0x51,0x31,0x61,0x53,
69.//孤雁可以双飞
70.0x21,0x11,0x21,0x11,0x22,0x11,0x21,0x26,
71.//夜深人静独徘徊
72.0x32,0x61,0x51,0x51,0x31,0x31,0x21,0x31,0x51,0x61,0x51,0x31,0x51,0x52,
73.//当幸福恋人寄来红色分享喜悦
74.0x31,0x31,0x81,0x81,0x81,0x61,0x91,0x81,0x61,0x31,0x56,
75.//闭上双眼难过头也不敢回
76.0x32,0x32,0x81,0x81,0x81,0x81,0x91,0x81,0x61,0x81,0x61,0x51,0x31,
0x51,0x34,
77.//仍然捡尽寒枝不肯安歇微带着后悔
78.0x21,0x31,0x51,0x31,0x21,0x11,0x61,0x21,0x16,
79.//寂寞沙洲我该思念谁
```

```
80.0xff};
81.//-------------------------简谱音调对应的定时器初值-------------------------
82.//适合 12 MHz 的晶振
83.uchar code chuzhi[]={
84.  0xff,0xff,//占位
85.  0xFC,0x44,//中央 C 调 1~7
86.  0xFC,0xAC,
87.  0xFD,0x08,
88.  0xFD,0x35,
89.  0xFD,0x82,
90.  0xFD,0xC8,
91.  0xFE,0x07,
92.  0xFE,0x22,//高八度 8~E
93.  0xFE,0x57,
94.  0xFE,0x85,
95.  0xFE,0x9A,
96.  0xFE,0xC1,
97.  0xFE,0xE4,
98.  0xFF,0x03
99.  };
100.uchar yinyue[]={0xff,0xfe,0xfd,0xfb,0xf7,0xef,0xdf,0xbf,0x7f,0x0,0x0};
101.//将音调转化为对应的 LED 样式
102.void song()  //播放音乐子程序
103.{
104.  uint temp;
105.  uchar jp;//jp 是简谱
106.  i=0;
107.  while(1)
108.  {  if(count2==0)
109.  {
110.  break;
111.  }
112.  if(count2==1)//选曲
113.    temp=dyzdj[i];
114.    if(count2==2)
115.        temp=jmsz1[i];
116.    if(temp==0xff)
117.        break;
118.    jp=temp/16;  //取数的高 4 位
119.    P1=yinyue[jp];
120.    if(jp!=0)
121.    {
```

项目十五 节拍器的设计

```
122.        timeh=chuzhi[jp*2];
123.        timel=chuzhi[jp*2+1];
124.    }
125.  else
126.  {
127.    TR0=0;
128.    fm=1; //关蜂鸣器
129.    }
130. delay(temp%16); //取数的低4位
131. TR0=0; //唱完一个音停10 Ms
132. fm=1;
133. delay1(10);
134. TR0=1;
135. i++;
136. }
137. TR0=0;
138. fm=1;
139. }
140. void delay(uint z) //延时子程序,延时165 ms,即十六分音符
141. {uint x,y;
142. for(x=z;x>0;x--)
143.    for(y=19000;y>0;y--);
144. }
145. void delay1(uint z) //延时1 ms的子程序
146. {  uint x,y;
147.    for(x=z;x>0;x--)
148.     for(y=112;y>0;y--);
149.    }
150.  void beep() //蜂鸣器鸣叫一声的子程序
151.  {
152. uchar i;
153. if (P34==0) a=10;
154. else if (P35==0) a=200;
155.        else a=120;
156.          for(i=0;i<a;i++)
157.          {   fm=~fm;
158.              delay1(1);
159.          }
160.    fm=1;
161.    }
162.void  main()   //主程序
163. {  uchar x;
```

```
164.    count1=1;//节拍器模式
165.    count2=0;//不唱歌
166.    EA=1;//开总中断
167.    EX0=1;//开外部中断0
168.    IT0=1;//外部中断0下降沿触发方式
169.    EX1=1;//开外部中断1
170.    IT1=1;//外部中断1下降沿触发方式
171.    TMOD=0x01;//定时器0工作在方式1
172.    TH0=0;
173.    TL0=0;
174.    ET0=1;
175.    while(1)
176.    {
177.    if(count1! =0)
178.      {
179.      switch(count1)
180.      {
181.      case 1:
182.        for(x=0;x<14;x++)
183.        {
184.      P1=huayang1[x];
185.       beep();
186.      delay1(300);
187.      if(count1! =1)
188.      break;
189.      }
190.      break;
191.    case 2:
192.        for(x=0;x<14;x++)
193.        {
194.      P1=huayang2[x];
195.      beep();
196.      delay1(300);
197.      if(count1! =2)
198.      break;
199.      }
200.      break;
201.      }
202.      }
203.    else
204.    {
205.    song();
```

```
206.   delay1(1000);
207.       }
208.   }
209. }
210.   void int0() interrupt 0        //外中断 0 服务子程序
211.   {
212.    EA=0;                          //关总中断
213.    delay1(1);                     //去抖
214.    if(key1==0)
215.    {
216.    count2=0;                      //不让蜂鸣器唱歌
217.    TR0=0;
218.    count1++;
219.    if(count1==3)
220.     count1=1;
221.    }
222.   EA=1;//开总中断
223.   }
224.   void int1() interrupt 2        //外中断 1 服务子程序
225.   {
226.   EA=0;                          //关总中断
227.   delay1(1);                     //去抖
228.    if(key2==0)
229.    {
230.   count1=0;                      //节拍器关闭
231.    TR0=1;
232.    i=0;                          //从头开始唱
233.    count2++;
234.    if(count2==3)
235.    count2=1;
236.    }
237.    EA=1;                         //开总中断
238.   }
239.   void timer0() interrupt 1      //定时器 T0 服务子程序,用于产生各种音调
240.   {
241.    TH0=timeh;                    //重赋初值
242.    TL0=timel;
243.    fm=~fm;                       //取反
244.   }
```

三、Proteus 仿真

（1）用 Proteus 打开已绘制好的电路仿真图,并将最后调试完成的程序重新编译生成新

的 . HEX 文件导入 Proteus 中。

（2）在 Proteus　ISIS 编辑窗口中单击 ▶ 按钮,如图 15-5 所示,当未按任何按钮时,节拍器以中速打节拍,同时伴有 LED 同步闪烁。

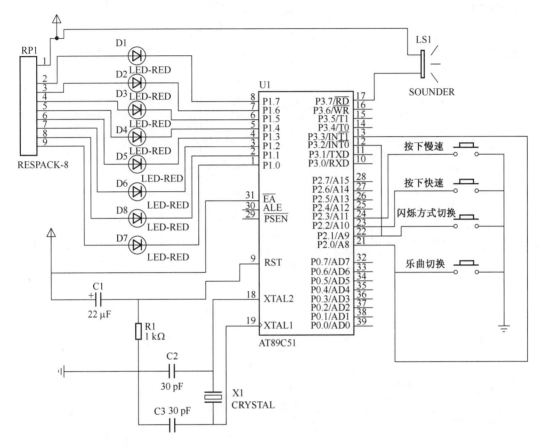

图 15-5　未按下任何键

（3）如图 15-6 所示,当按下并锁住(不弹起)"按下慢速"键后,切换到慢速节拍模式,节拍器以较慢的速度打节拍并伴有 LED 同步闪烁。

（4）如图 15-7 所示,当按下并锁住(不弹起)"按下快速"键后,切换到快速节拍模式,节拍器以较快的速度打节拍,并伴有 LED 同步闪烁。

（5）当按下"闪烁方式切换"键后改变 LED 的闪烁方式,可观察到 LED 的闪烁方式发生了改变,再次按下此键,又切换回原来的闪烁方式,如此循环。

（6）当按下"乐曲切换"键后可切换到播放歌曲《大约在冬季》,再次按此键,播放歌曲《寂寞沙洲冷》,第三次按此键后又切换回播放歌曲《大约在冬季》,如此循环。播放歌曲时,蜂鸣器发出某个音调,与之对应的 LED 亮。

项目小结

本项目设计了一个节拍器,给出了相应的电路和软件设计。

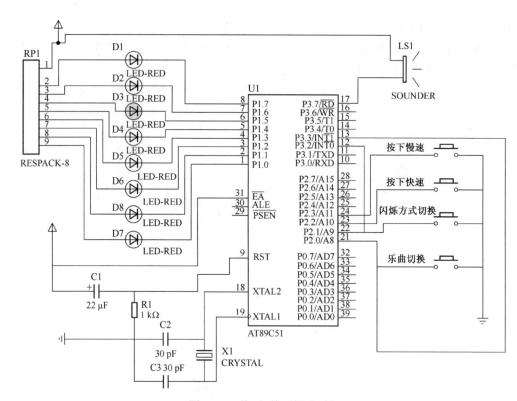

图 15-6 按下"按下慢速"键

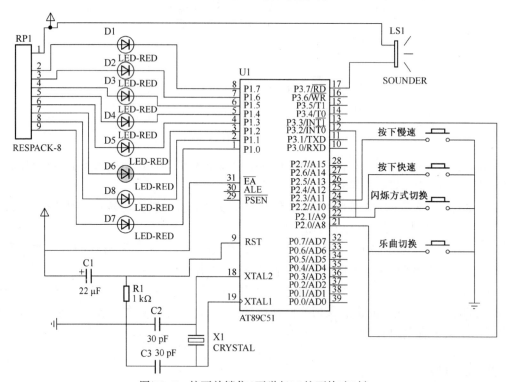

图 15-7 按下并锁住(不弹起)"按下快速"键

习题

操作题

在上述基础上把切换歌曲由 2 首改成 3 首,歌曲任选。

要求如下:

(1)进行单片机应用电路分析,并完成 Proteus 仿真电路图的绘制。

(2)根据任务要求进行单片机控制程序流程和程序设计思路分析,画出程序流程图。

(3)在 Keil 中进行源程序的编写与编译工作。

(4)在 Proteus 中进行程序的调试与仿真工作,最终完成实现上述功能。

项目 十 六

简易计算器的设计

学习目标

（1）了解液晶显示器引脚功能及指令码；

（2）掌握简易计算器硬件电路的设计方法；

（3）掌握简易计算器程序设计方法。

相关知识

　　液晶显示器（LCD）具有功耗低、体积小、价格低等优点，在显示器领域获得广泛的应用，也广泛应用于单片机应用系统中。在单片机应用系统中广泛采用的 LCD 主要有字符型和点阵型两种。字符型可以用来显示 ASCII 字符，点阵型可用来显示中文、图形等更复杂的内容。本系统采用长沙太阳人电子有限公司的 1602 字符型液晶显示器，如图 16-1 所示。

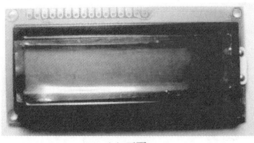

（a）正面　　　　　　　　　　　　　　　　（b）反面

图 16-1　1602 字符型液晶显示器外观

一、1602LCD 主要技术参数：

（1）显示容量：16×2 个字符。

（2）芯片工作电压：4.5~5.5 V。

（3）工作电流：2.0 mA。

（4）模块最佳工作电压：5.0 V。

（5）字符尺寸：2.95 mm×4.35 mm。

二、1602LCD 各引脚功能

1602LCD 采用标准的 14 脚(无背光)或 16 脚(带背光)接口,本系统采用 16 脚带背光的 1602LCD。各引脚接口说明如表 16-1 所示。

表 16-1 1602LCD 各引脚功能

编号	符号	引脚说明	编号	符号	引脚说明
1	GND	电源地	9	D2	数据
2	VCC	电源正极	10	D3	数据
3	V0	液晶显示偏压	11	D4	数据
4	RS	数据/命令选择	12	D5	数据
5	R/W	读/写选择	13	D6	数据
6	E	使能信号	14	D7	数据
7	D0	数据	15	BLA	背光源正极
8	D1	数据	16	BLK	背光源负极

1 脚:GND 为电源地。

2 脚:VCC 接 5 V 电源正极。

3 脚:V0 为液晶显示器对比度调整端,接正电源时对比度最弱,接地电源时对比度最高(对比度过高时会 产生"鬼影",使用时可以通过一个 10 kΩ 的电位器调整对比度)。

4 脚:RS 为寄存器选择,高电平 1 时选择数据寄存器、低电平 0 时选择指令寄存器。

5 脚:R/W 为读写信号线,高电平(1)时进行读操作,低电平(0)时进行写操作。

6 脚:E(或 EN)端为使能(Enable)端,高电平(1)时读取信息,下降沿时执行指令。

7~14 脚:D0~D7 为 8 位双向数据端。

15 脚:背光源正极。

16 脚:背光源负极。

三、1602LCD 寄存器选择

1602LCD 寄存器选择如表 16-2 所示。

表 16-2 1602LCD 寄存器选择

E	R/W	RS	功 能 说 明
1	0	0	写入命令寄存器
1	0	1	写入数据寄存器
1	1	0	读取忙碌标志及 RAM 地址
1	1	1	读取 RAM 数据
0	X		不动作

四、接口说明

(1)基本操作时序

读指令状态。输入:RS=0,R/W=1,E=1。输出:D0~D7=状态字。

写指令状态。输入：RS＝0，R/W＝0，E＝1。D0～D7＝指令码，E＝1。输出：无。

读数据状态。输入：RS＝1，R/W＝1，E＝1。输出：D0～D7＝数据。

写数据状态。输入：RS＝1，R/W＝0，D0～D7＝数据，E＝1。输出：无。

（2）状态字说明见表16-3

表16-3　状态字说明

STA7	STA6	STA5	STA4	STA3	STA2	STA1	STA0
D7	D6	D5	D4	D3	D2	D1	D0
STA0～STA6			当前数据地址指针的数值				
STA7			读写操作使能			1：禁止；0：允许	

当状态字最高位为1时，表明液晶模块处于忙状态，此时不能进行读写操作。因此，每次读写操作进行前，应查询该标志位是否处于忙状态。

五、1602LCD 指令说明

1602LCD 指令说明见表16-4。

表16-4　指令说明

序号	指　令	RS	R/W	D7	D6	D5	D4	D3	D2	D1	D0
1	清显示	0	0	0	0	0	0	0	0	0	1
2	归位	0	0	0	0	0	0	0	0	1	*
3	置输入模式	0	0	0	0	0	0	0	1	I/D	S
4	显示开关控制	0	0	0	0	0	0	1	D	C	B
5	光标或字符移位	0	0	0	0	0	1	S/C	R/L	*	*
6	功能设置	0	0	0	0	1	DL	N	F	*	*
7	置字符发生存储地址	0	0	0	1	字符发生存储器地址					
8	置数据发生地址	0	0	1	显示数据存储器地址						
9	读忙标志或地址	0	1	BF	计数器地址						
10	写数到 CGRAM 或 DDRAM	1	0	要写的数据内容							
11	从 CGRAM 或 DDRAM 读数	1	1	读出的数据内容							

指令1：清显示，指令码01H，光标复位到地址00H位置。

指令2：光标复位，光标返回到地址00H。

指令3：光标和显示模式设置。I/D：光标移动方向，高电平右移，低电平左移；S：屏幕上所有文字是否左移或右移。

指令4：显示开关控制。D：控制整体显示的开与关，高电平表示开显示，低电平表示关显示；C：控制光标的开与关，高电平表示有光标，低电平表示无光标；B：控制光标是否闪烁，高电平闪烁，低电平不闪烁。

指令5：光标或字符移位。S/C：高电平时移动显示的字符，低电平时移动光标。

指令6：功能设置命令。DL：高电平时为4位总线，低电平时为8位总线；N：低电平时为单行显示,高电平时双行显示;F:高电平时显示 5×7 的点阵字符,低电平时显示 5×10 的点阵字符。

指令 7:字符发生器 RAM 地址设置。

指令 8:DDRAM 地址设置。

指令 9:读忙信号和光标地址。BF:为忙标志位,高电平表示忙,此时模块不能接收命令或者数据,低电平表示不忙。

指令 10:写数据。

指令 11:读数据。

六、基本操作时序

读操作时序见图 16-2 所示,写操作时序见图 16-3 所示。

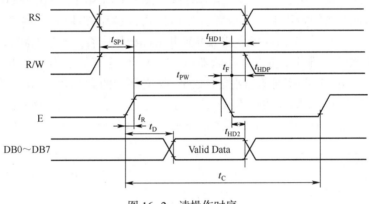

图 16-2 读操作时序

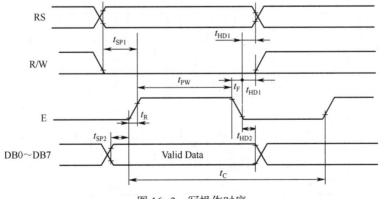

图 16-3 写操作时序

七、1602LCD 的 RAM 地址映射及标准字库表

液晶显示模块是一个慢显示器件,所以在执行每条指令之前一定要确认模块的忙标志为低电平,表示不忙,否则此指令失效。要显示字符时要先输入显示字符地址,也就是告诉模块在哪里显示字符,图 16-4 是 1602 的内部显示地址。

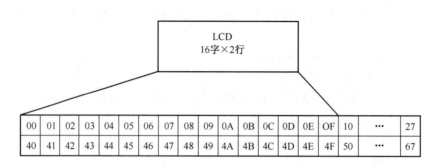

图 16-4　1602LCD 内部显示地址

例如,第二行第一个字符的地址是 40H,那么是否直接写入 40H 就可以将光标定位在第二行第一个字符的位置呢？这样不行,因为写入显示地址时要求最高位 D7 恒定为高电平 1所以实际写入的数据应该是 01000000B(40H)+10000000B(80H)= 11000000B(C0H)。

在对液晶模块的初始化中要先设置其显示模式,在液晶模块显示字符时光标是自动右移的,无须人工干预。每次输入指令前都要判断液晶模块是否处于忙的状态。

1602 液晶模块内部的字符发生存储器(CGROM)已经存储了 160 个不同的点阵字符图形,如图 16-5 所示,这些字符有:阿拉伯数字、英文字母的大小写、常用的符号和日文假名等,每一个字符都有一个固定的代码,比如大写的英文字母"A"的代码是 01000001B(41H),显示时模块把地址 41H 中的点阵字符图形显示出来,我们就能看到字母"A"。

低位＼高位	0000	0010	0011	0100	0101	0110	0111	1010	1011	1100	1101	1110	1111
××××0000	CGRAM (1)		0	a	P	\	P		—	タ	三	a	P
××××0001	(2)		1	A	Q	a	q	。	ア	チ	ム	ä	q
××××0010	(3)	·	2	B	R	b	r	「	イ	ツ	メ	β	θ
××××0011	(4)	#	3	C	S	c	s	」	ウ	テ	モ	ε	∞
××××0100	(5)	$	4	D	T	d	t	、	エ	ト	セ	μ	Ω
××××0101	(6)	%	5	E	U	e	u	・	オ	ナ	ユ	B	0
××××0110	(7)	&	6	F	V	f	v	ヲ	カ	ニ	ヨ	P	Σ
××××0111	(8)	>	7	G	W	g	w	ア	キ	ヌ	ラ	R	x
××××1000	(1)	(	8	H	X	h	x	イ	ク	ネ	リ	∫	X
××××1001	(2)	)	9	I	Y	i	y	ウ	ケ	ノ	ル	−1	y
××××1010	(3)	·	ː	J	Z	j	z	エ	コ	ハ	レ	j	千
××××1011	(4)	+	ː	K	[	k	(	オ	サ	ヒ	ロ	x	万
××××1100	(5)	フ	<	L	¥	l			セ| シ	フ	ワ	¢	丹
××××1101	(6)	—	−	M	]	m	)	ユ	ス	へ	ン	₤	+
××××1110	(7)	·	>	N	^	n	·	ヨ	セ	ホ	ハ	ñ	
××××1111	(8)	/	?	O	−	o	←	ツ	ソ	マ	ロ	Ö	÷

图 16-5　字符代码与图形对应图

项目描述

设计一个能够进行整数加、减、乘、除的简易计算器,采用液晶显示。

一、硬件电路设计

如图 16-6 所示,本系统由小型计算器矩阵键盘、单片机最小系统及液晶显示器组成。小型计算器矩阵键盘是输入设备,其行线由 P2.0～P2.3 控制,列线由 P2.4～P2.7 控制。液晶显示器是输出设备,用于字符的显示。

图 16-6　系统框图

如图 16-7 所示,1602LCD 由 P0 口控制,其 3 脚通过电阻接地,此时液晶显示对比度最高,小型计算器矩阵键盘作为 P2 口的输入设备。

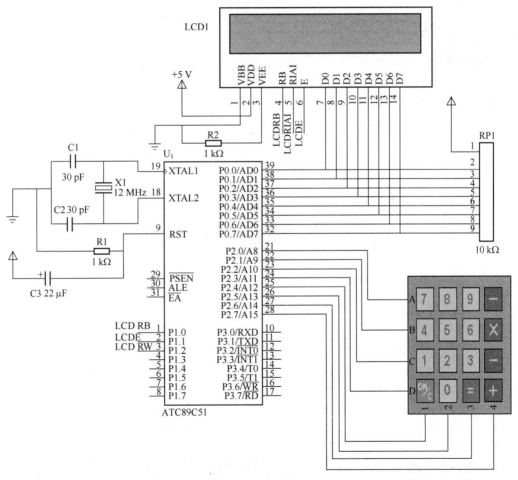

图 16-7　仿真电路

电路中所用元器件见表 16-5。

表 16-5　元器件配置表

名　称	型　号	数　量	Proteus 中元器件名称
单片机	AT89C51	1	AT89C51
陶瓷电容	30 pF	2	CAP
电解电容	22 μF	1	CAP-ELEC
晶振	12 MHz	1	CRYSTAL
电阻	1 kΩ	2	RES
排阻	10 kΩ	1	RESPACK-8
小型计算器矩阵键盘		1	KEYPAD-SMALLCALC
液晶显示器	1602 LCD	1	LM016L

二、软件设计

1. 程序流程

本系统程序包括主程序、延时子程序、判断忙或空闲子程序、写指令子程序、写数据子程序、初始化子程序、键盘扫描子程序。其主程序流程如图 16-8 所示。

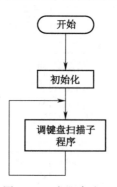

图 16-8　主程序流程

2. 程序设计

C 语言源程序代码如下：

```
1.#include<reg51.h>                    //头文件
2.#define uint unsigned int
3.#define uchar unsigned char
4.sbit lcden=P1^1;                     //定义引脚
5.sbit rs=P1^0;
6.sbit rw=P1^2;
7.sbit busy=P0^7;
8.char i,j,temp,num,num_1;
9.long a,b,c;                          //a,第一个数 b,第二个数 c,得数
```

```
10.float a_c,b_c;
11.uchar flag,fuhao;          //flag 表示是否有符号键按下,fuhao 表征按下的是哪个符号
12.uchar code table[]={7,8,9,0,4,5,6,0,1,2,3,0,0,0,0,0};
13.uchar code table1[]={
14.7,8,9,0x2f-0x30,
15.4,5,6,0x2a-0x30,
16.1,2,3,0x2d-0x30,
17.0x01-0x30,0,0x3d-0x30,0x2b-0x30};
18.void delay(uchar z)                          //延时子程序
19.{
20.uchar y;
21.for(z;z>0;z--)
22.    for(y=0;y<110;y++);
23.}
24.void check()                                 //判断忙或空闲子程序
25.{
26.do{
27.    P0=0xFF;
28.    rs=0;                                    //指令
29.    rw=1;                                    //读
30.    lcden=0;                                 //禁止读写
31.    delay(1);                                //等待,液晶显示器处理数据
32.    lcden=1;                                 //允许读写
33.    }while(busy==1);                         //判断是否为空闲,1 为忙,0 为空闲
34.}
35.void write_com(uchar com)                    //写指令子程序
36.{
37.P0=com;                                      //com 指令付给 P0 口
38.rs=0;
39.rw=0;
40.lcden=0;
41.check();
42.lcden=1;
43.}
44.void write_date(uchar date)                  //写数据子程序
45.{
46.P0=date;
47.rs=1;
48.rw=0;
49.lcden=0;
```

```
50.check();
51.lcden=1;
52.}
53.void init()                              //初始化子程序
54.{
55. num=-1;
56. lcden=1;                               //使能信号为高电平
57. write_com(0x38);                       //4位总线,2行
58. delay(5);
59. write_com(0x38);                       //4位总线,2行
60. delay(5);
61. write_com(0x0c);                       //显示开,光标关,不闪烁
62. delay(1);
63. write_com(0x06);                       //所有文字不移位,光标右移
64. delay(1);
65. write_com(0x80);                       //检测忙信号
66. delay(1);
67. write_com(0x01);                       //清显示
68. num_1=0;
69. i=0;
70. j=0;
71. a=0;                                   //第一个参与运算的数
72. b=0;                                   //第二个参与运算的数
73. c-0;
74. flag=0;                                //flag表示是否有符号键被按下
75. fuhao=0;                               //fuhao表示按下的是哪个符号
76. }
77. void keyscan()                         //键盘扫描子程序
78. {
79. P2=0xfe;                               //扫描第一行
80. if(P2!=0xfe)
81. {
82. delay(20);                             //延迟20 ms,消抖
83. if(P2!=0xfe)                           //再判
84. {
85.   temp=P2&0xf0;
86.   switch(temp)
87. {
88.    case 0xe0:num=0;  break;
89.    case 0xd0:num=1;  break;
```

```
90.    case 0xb0:num=2;  break;
91.    case 0x70:num=3;  break;
92.    }
93.  }
94.  while(P2!=0xfe);                      //等待按键释放
95.  if(num==0||num==1||num==2)            //如果按下的是7、8或9
96.  {
97.      if(j!=0)
98.      {
99.        write_com(0x01);                //清屏显示
100.       j=0;
101.      }
102.    if(flag==0)                         //没有按过符号键
103.    {
104.        a=a*10+table[num];
105.    }
106.   else                                 //如果按过符号键
107.   {
108.        b=b*10+table[num];
109.   }
110.  }
111.  else                                  //如果按下的是"/"
112.  {
113.   flag=1;                              //有符号键按下
114.   fuhao=4;                             //4表示除号已按
115.  }
116.  i=table1[num];
117.  write_date(0x30+i);
118. }
119. P2=0xfd;                               //扫描第二行
120. if(P2!=0xfd)
121. {
122. delay(20);
123. if(P2!=0xfd)
124. {
125. temp=P2&0xf0;
126. switch(temp)
127. {
128.  case 0xe0:num=4;  break;
129.  case 0xd0:num=5;  break;
```

```
130.        case 0xb0:num=6;  break;
131.        case 0x70:num=7;  break;
132.        }
133.    }
134.    while(P2! =0xfd);
135.    if(num==4||num==5||num==6&&num! =7)      //如果按下的是 4、5 或 6
136.    {
137.      if(j! =0)
138.          {
139.              write_com(0x01);
140.              j=0;
141.          }
142.        if(flag==0)                            //没有按过符号键
143.      {
144.      a=a*10+table[num];
145.      }
146.      else                                     //如果按过符号键
147.      {
148.      b=b*10+table[num];
149.      }
150.    }
151.    else                                       //如果按下的是"/"
152.    {
153.      flag=1;
154.      fuhao=3;                                 //3 表示乘号已按
155.    }
156.    i=table1[num];
157.    write_date(0x30+i);
158. }
159. P2=0xfb;                                     //扫描第三行
160. if(P2! =0xfb)
161. {
162. delay(20);
163. if(P2! =0xfb)
164. {
165.   temp=P2&0xf0;
166.   switch(temp)
167.   {
168.   case 0xe0:num=8;  break;
169.    case 0xd0:num=9;  break;
```

```
170.    case 0xb0:num=10;  break;
171.    case 0x70:num=11;  break;
172.    }
173.   }
174.    while(P2! =0xfb);
175.    if(num= =8||num= =9||num= =10)              //如果按下的是1、2或3
176.    {
177.    if(j! =0)
178.         {
179.          write_com(0x01);
180.          j=0;
181.         }
182.    if(flag= =0)                                 //没有按过符号键
183.    {
184.    a=a*10+table[num];
185.    }
186.    else                                          //如果按过符号键
187.    {
188.    b=b*10+table[num];
189.    }
190.   }
191.   else if(num= =11)                              //如果按下的是"-"
192.   {
193.    flag=1;
194.    fuhao=2;                                       //2 表示减号已按
195.   }
196.   i=table1[num];
197.   write_date(0x30+i);
198.   }
199.  P2=0xf7;                                         //扫描第四行
200. if(P2! =0xf7)
201. {
202.  delay(20);
203.  if(P2! =0xf7)
204.  {
205.  temp=P2&0xf0;
206.   switch(temp)
207.  {
208.  case 0xe0:num=12;  break;
209.  case 0xd0:num=13;  break;
```

项

目

十

六

简

易

计

算

器

的

设

计

```
210.    case 0xb0:num=14;  break;
211.    case 0x70:num=15;  break;
212. }
213. }
214.  while(P2! =0xf7);
215.  switch(num)
216.  {
217.    case 12:{write_com(0x01);a=0;b=0;flag=0;fuhao=0;} //按下的是"清零"
218.         break;
219.    case 13:{                              //按下的是 0
220.      if(flag==0)                      //没有按过符号键
221.      {
222.       a=a*10;     write_date(0x30);       P2=0;
223.      }
224.      else if(flag>=1)//如果按过符号键
225.      {
226.       b=b*10;   write_date(0x30);
227.      }
228.     }
229.    break;
230.    case 14:{j=1;
231.        if(fuhao==1)                   //加法
232.        {
233.          write_com(0x80+0x4f);//按下等于键,光标前进至第二行最后一个显示处
234.   write_com(0x04);    //设置从后住前写数据,每写完一个数据,光标后退一格
235.          c=a+b;
236.          while(c! =0)
237.          {
238.           write_date(0x30+c% 10);
239.           c=c/10;
240.          }
241.          write_date(0x3d);        //再写" = "
242.          a=0;b=0;flag=0;fuhao=0;
243.        }
244.     else if(fuhao==2)               //减法
245.     {
246.        write_com(0x80+0x4f);              //光标前进至第二行最后一个显示处
247.        write_com(0x04);                   //设置从后住前写数据,每写完一个数
                                                 据,光标后退一格
248.        if(a-b>0)
249.        c=a-b;
250.        else
251.        c=b-a;
```

```
252.              while(c! =0)
253.                  {
254.                      write_date(0x30+c% 10);
255.                      c=c/10;
256.                  }
257.          if(a-b<0)
258.           write_date(0x2d);
259.           write_date(0x3d);                    //再写"="
260.           a=0;b=0;flag=0;fuhao=0;
261.          }
262.     else if(fuhao==3)                    //乘法
263.     {write_com(0x80+0x4f);
264.          write_com(0x04);
265.              c=a*b;
266.              while(c! =0)
267.                  {
268.                      write_date(0x30+c% 10);
269.                      c=c/10;
270.                  }
271.              write_date(0x3d);
272.              a=0;b=0;flag=0;fuhao=0;
273.          }
274.      else if(fuhao==4)                    //除法
275.          {write_com(0x80+0x4f);
276.              write_com(0x04);
277.              i=0;
278.              if(b! =0)
279.                  {
280.                      c=(long)(((float)a/b)*1000);
281.                      while(c! =0)
282.                          {
283.                              write_date(0x30+c% 10);
284.                              c=c/10;
285.                          i++;
286.                          if(i==3)
287.                          write_date(0x2e);
288.                          }
289.                      if(a/b<=0)
290.                          {
291.                              if(i<=2)
292.                                  {
293.                                      if(i==1)
```

```
294.                            write_date(0x30);
295.                            write_date(0x2e);
296.                            write_date(0x30);
297.                          }
298.                        write_date(0x30);
299.                      }
300.                    write_date(0x3d);
301.                    a=0;b=0;flag=0;fuhao=0;
302.                  }
303.                else
304.                  {
305.                    write_date('!');
306.                    write_date('R');
307.                    write_date('O');
308.                    write_date('R');
309.                    write_date('R');
310.                    write_date('E');
311.                  }
312.              }
313.          }
314.  break;
315.  case 15:{write_date(0x30+table1[num]);flag=1;fuhao=1;}
316.  break;
317.  }
318.  }
318. }
320.  void  main()
321.  {
322.  init();
323.  while(1)
324.  {
325.  keyscan();
326.  }
327.  }
```

三、Proteus 仿真

（1）用 Proteus 打开已绘制好的电路仿真图，并将最后调试完成的程序重新编译生成新的 . HEX 文件导入 Proteus 中。

（2）在 Proteus ISIS 编辑窗口中单击 ▶ 按钮，单击计算器键盘进行运算，在液晶显示器上可看到所按字符及运算结果，如图 16-9 所示。

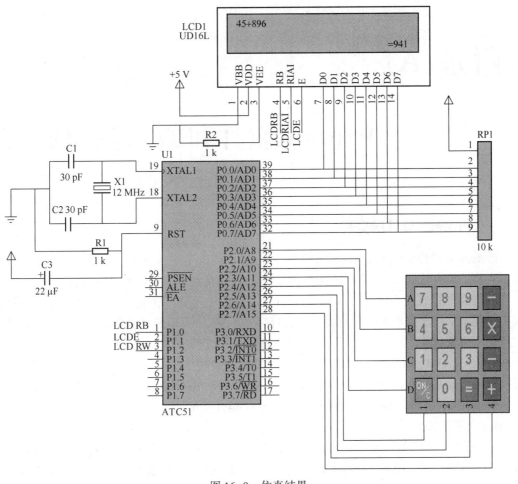

图 16-9　仿真结果

 项目小结

本项目设计了一个简易计算器,给出了相应的电路和软件设计。

习题

操作题

在上述基础上给简易计算器增加发声功能,即增加一个开关,在开关闭合时,按任意键都能发出"滴"的声音,开关断开时,按任意键均不能发声。

要求如下:

(1)进行单片机应用电路分析,并完成 Proteus 仿真电路图的绘制。

(2)根据任务要求进行单片机控制程序流程和程序设计思路分析,画出程序流程图。

(3)在 Keil 中进行源程序的编写与编译工作。

(4)在 Proteus 中进行程序的调试与仿真工作,最终完成实现上述功能。

附录 Ⓐ

Proteus软件和Keil软件的安装

一、Proteus 软件的安装

Proteus 软件由英国 Lab Center Electronics 公司推出，它是一种世界著名的 EDA 工具软件。它除了具有其他 EDA 工具软件的仿真功能，还能仿真单片机及其外围器件。

Proteus 从原理图布图、代码调试到单片机与外围电路协同仿真，一键切换到 PCB 设计，真正实现了从概念到产品的完整设计，是目前世界上唯一将电路仿真软件、PCB 设计软件和虚拟模型仿真软件三合一的设计平台，其处理器模型支持 8051、HC11、PIC10/12/16/18/24/30/DsPIC33、AVR、ARM、8086 和 MSP430 等，2010 年又增加了 Cortex 和 DSP 系列处理器，并持续增加其他系列处理器模型。在编译方面，它也支持 IAR、Keil 和 MPLAB 等多种编译器。

Proteus 软件有多种版本，不同的版本安装过程有所不同。下面以 7.5 SP3 版本为例说明，具体安装步骤如下：

（1）把下载下来的压缩文件解压，可得到三个文件：Proteus 75SP3 Setup. exe、Grassington North Yorkshire. lxk、LXK Proteus 7. 5 SP3 v2. 1. 2. exe。注意文件 LXK Proteus 7. 5 SP3 v2. 1. 2. exe 很小，杀毒软件会误判为病毒，以致将其删除，所以安装前先将杀毒软件暂时关闭。

（2）双击文件 Proteus 75SP3 Setup. exe，出现图 A-1 所示对话框，提示是否需要安装帮助文件，单击"否(N)"按钮。

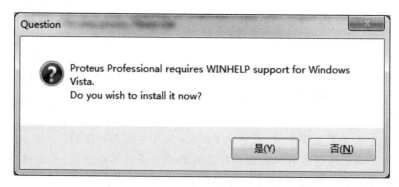

图 A-1　提示是否需要安装帮助文件

（3）弹出图 A-2 所示窗口，单击"Next"按钮。

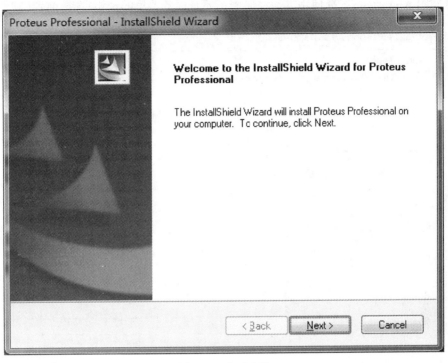

图 A-2　启动安装

（4）如图 A-3 所示，提示是否接受协议，单击"Yes"按钮。

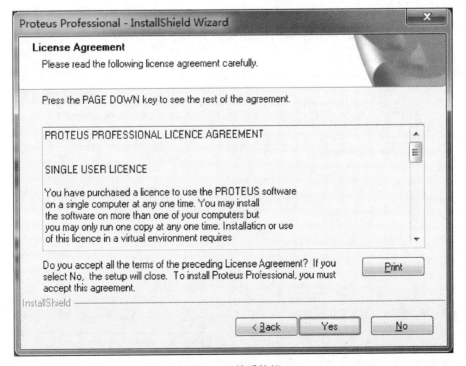

图 A-3　接受协议

（5）如图 A-4 所示，选择使用本地注册密钥还是服务器里的密钥，选择前者（默认）。

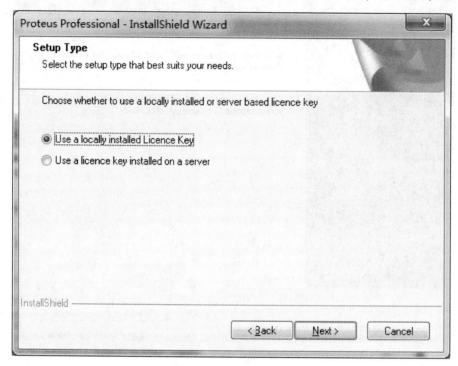

图 A-4　选择注册密钥

（6）如图 A-5 所示，单击"Next"按钮。

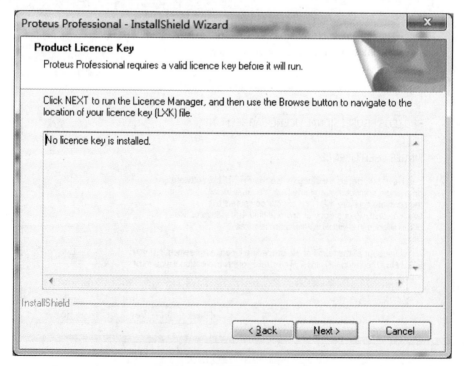

图 A-5　单击"Next"按钮

(7)如图 A-6 所示,单击"Browse For Key File"按钮。

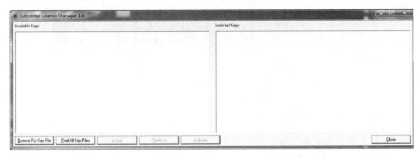

图 A-6 单击按钮"Browse For Key File"

(8)如图 A-7 所示,选择文件"Grassington North Yorkshire. lxk"所在路径,单击该文件,再单击"打开"按钮。

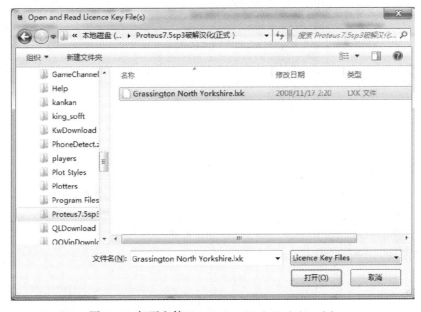

图 A-7 打开文件 Grassington North Yorkshire. lxk

(9)如图 A-8 所示,单击"Install"按钮。

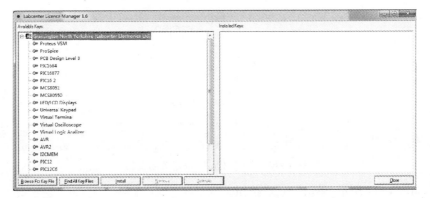

图 A-8 单击"Install"按钮

附

录

A

Proteus 软件和 Keil 软件的安装

（10）如图 A-9 所示，单击"是"按钮。

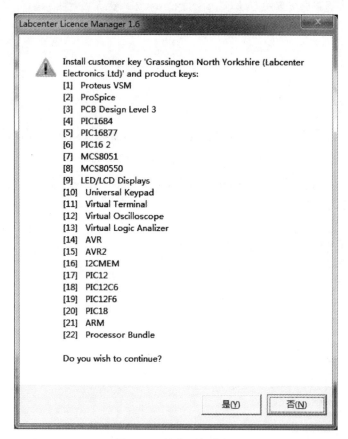

图 A-9　单击"是"按钮

（11）如图 A-10 所示，单击"Close"按钮关闭窗口。

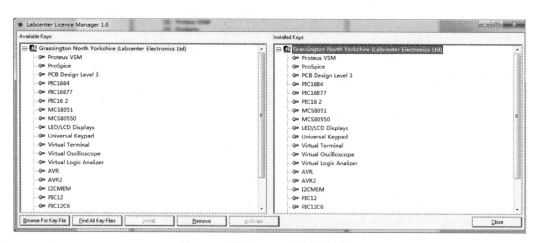

图 A-10　单击"Close"按钮关闭窗口

（12）如图 A-11 所示，单击"Next"按钮。

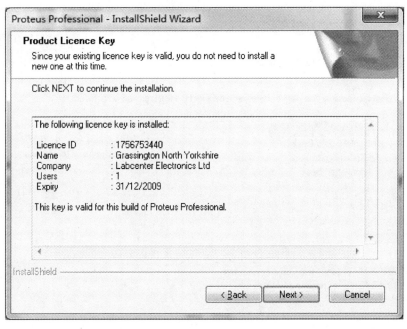

图 A-11 单击"Next"按钮

(13) 如图 A-12 所示,单击"Browse"按钮选择安装目录,也可以保持默认设置。然单点击"Next"按钮。

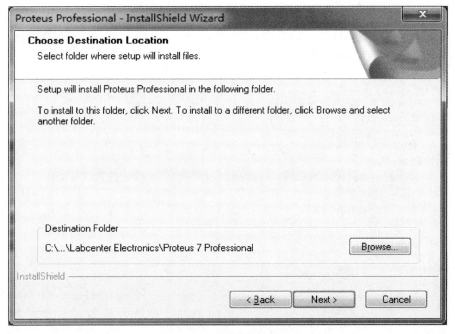

图 A-12 选择安装目录

（14）如图 A-13 所示，选择默认选项，单击"Next"按钮。

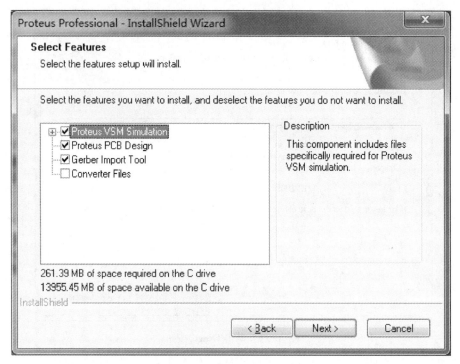

图 A-13　默认选项，单击"Next"按钮

（15）如图 A-14，输入目录名，也可以保持默认设置，单击"Next"按钮。

图 A-14　输入目录名

（16）如图 A-15 所示，正在安装，请耐心等待。

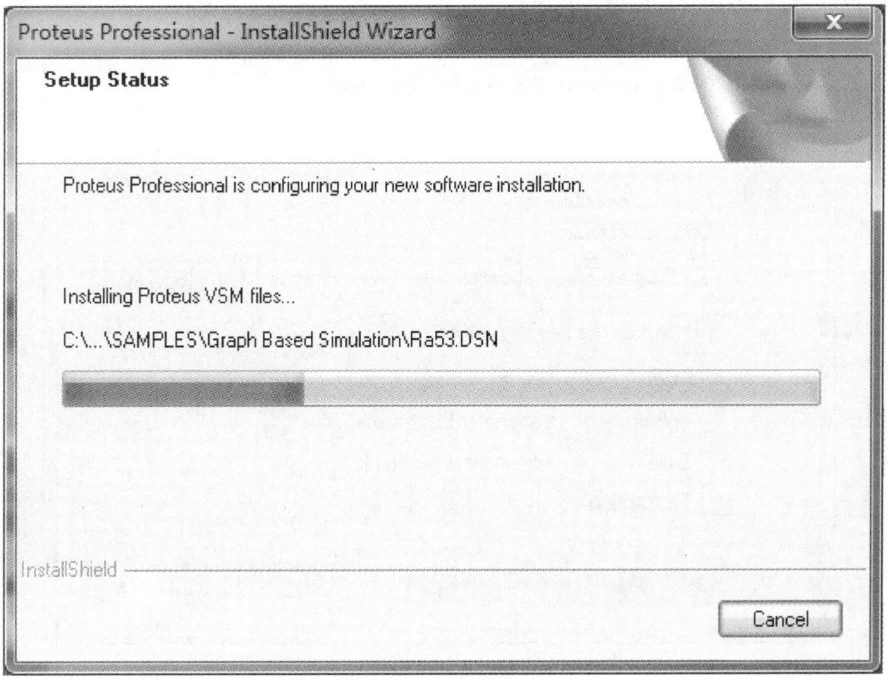

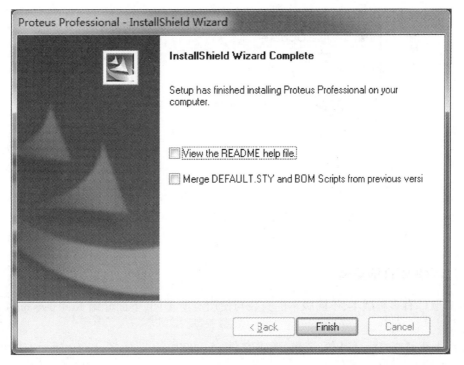

图 A-15　正在安装

（17）完毕出现如图 A-16 所示的对话框，两个复选框均不选择，单击"Finish"按钮。

图 A-16　安装完毕

（18）双击文件 LXK Proteus 7.5 SP3 v2.1.2.exe，弹出图 A-17 所示对话框，选择目标路径为原安装路径，再单击"Update"按钮。

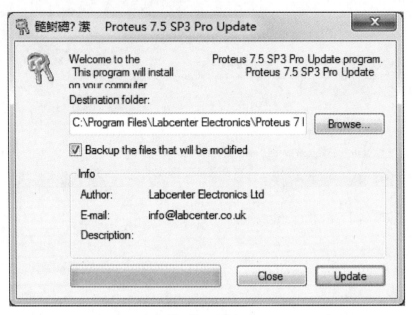

图 A-17　破解

（19）弹出图 A-18 所示对话框，表示设置成功。单击"确定"按钮。安装至此全部完成。

图 A-18　设置成功

二、Keil 软件的安装

Keil 软件有多种版本，不同版本的安装与使用有所不同，下面介绍 Keil μvision 4 版本的安装。

（1）下载完成之后，解压安装包，双击文件 c51v900.exe 进入图 A-19 所示安装界面，单击"Next"按钮。

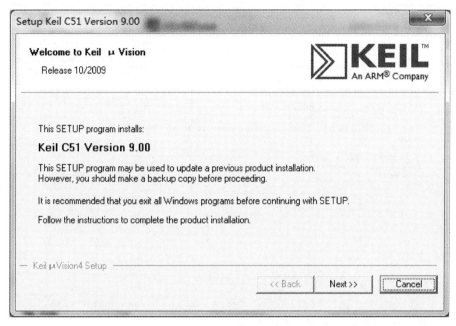

图 A-19 初始安装界面

（2）如图 A-20 所示，选中"I agree to all the terms of the preceding License Agreement"复选框，同意协议。再单击"Next"按钮。

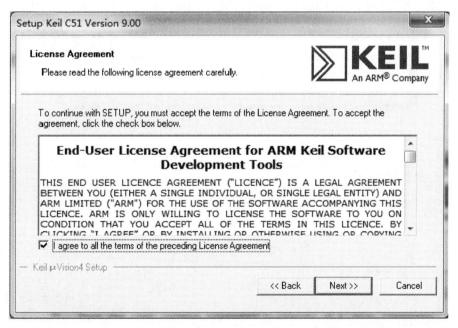

图 A-20 同意协议

（3）如图 A-21 所示，输入安装目录，默认为 C:\Keil。也可以单击"Browse"按钮选择安装目录。再单击"Next"按钮。

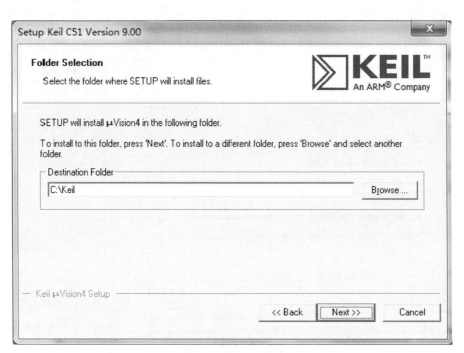

图 A-21　输入安装路径

（4）如图 A-22 所示，在各项中输入相应内容。不要留空，再单击"Next"按钮。

图 A-22　输入相应内容

（5）开始安装，请耐心等待。

（6）安装完毕，出现图 A-23 所示窗口。三个复选框都不要选中。再单击"Finish"按钮。

图 A-23　安装完毕

（7）此时桌面上产生了如图 A-24 所示图标。

图 A-24　桌面上的图标

（8）还需要注册。选择"File"→"License Management"... 命令，打开"License Management"对话框，复制右上角的 CID，如图 A-25 所示。

图 A-25　复制右上角的 CID

（9）双击解压得到的文件"KEIL_Lic. exe"，进行注册，如图 A-26 所示。

图 A-26　双击文件"KEIL_Lic. exe"

（10）如图 A-27 所示，在 CID 窗口里粘贴刚刚复制的 CID，单击"Generate"按钮并进行复制。

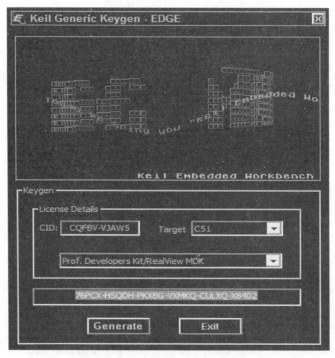

图 A-27　单击"Generate"按钮

（11）如图 A-28 所示，切换到"License Management"对话框，在下部的"New License ID Code（LIC）"文本框中进行粘贴，再点击右侧的"Add LIC"按钮。

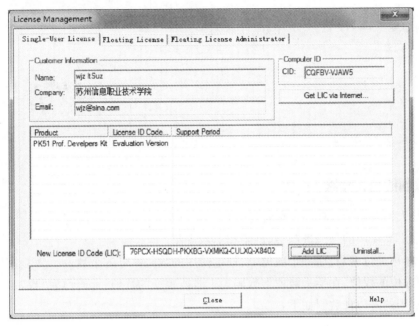

图 A-28 单击右侧的"Add LIC"按钮

（12）如图 A-29 所示，窗口下部显示"LIC Added Successfully"，表示注册成功。关闭该窗口，安装至此全部完成。

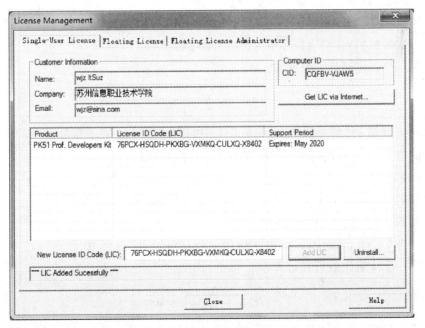

图 A-29 安装成功

附录 A Proteus 软件和 Keil 软件的安装

附录Ⓑ

数制与码制

一、数制的有关概念

数制是人们对数量计算的一种统计规律。在日常生活中，人们最熟悉的是十进制，而在数字系统中广泛使用的是二进制、八进制和十六进制。

基数：亦称进位基数，在一个数位上，规定使用的数码符号的个数。

位权：数位的权值，在某一数位上数码为1时所表征的数值，常简称为"权"。

几种常用的进位计数制如下：

（1）二进制

在数字电路中，数以电路的状态来表示。找一个具有十种状态的电子器件比较难，而找一个具有两种状态的器件很容易，故数字电路中广泛使用二进制。

二进制的数码只有二个，即0和1。进位规律是"逢二进一"。

二进制数1101.11可以用一个多项式形式表示成：

$$(1101.11)_2 = 1 \times 2^3 + 1 \times 2^2 + 0 \times 2^1 + 1 \times 2^0 + 1 \times 2^{-1} + 1 \times 2^{-2}$$

对任意一个二进制数可表示为：

$$(N)_2 = \sum_{i=-m}^{n-1} a_i \times 2^i$$

上式中a_i是第i位的系数，它可能是0、1中的任意数码，n表示整数部分的位数，m表示小数部分的位数，2^i表示数码在不同位置的大小，称为位权。

（2）十进制

十进制的数码有0、1、2、3、4、5、6、7、8、9共十个，进位规律是"逢十进一"。

十进制数3784.25可表示成多项式形式：

$$(3784.25)_{10} = 3 \times 10^3 + 7 \times 10^2 + 8 \times 10^1 + 4 \times 10^0 + 2 \times 10^{-1} + 5 \times 10^{-2}$$

对任意一个十进制数可表示为：

$$(N)_{10} = \sum_{i=-m}^{n-1} a_i \times 10^i$$

上式中a_i是第i位的系数，它可能是0~9中的任意数码，n表示整数部分的位数，m表示小数部分的位数，10^i表示数码在不同位置的大小，称为位权。

（3）八进制和十六进制数

用二进制表示一个大数时，位数太多。在数字系统中采用八进制和十六进制作为二进制的缩写形式。

八进制数码有 8 个，即 0、1、2、3、4、5、6、7。进位规律是"逢八进一"。十六进位计数制的数码包括 0、1、2、3、4、5、6、7、8、9、A、B、C、D、E、F。进位规律是"逢十六进一"。不管是八进制还是十六进制都可以像十进制和二进制那样，用多项式的形式来表示。

二、不同数制之间的转换

计算机中存储数据和对数据进行运算采用的是二进制数，当把数据输入计算机中，或者从计算机中输出数据时，要进行不同计数制之间的转换。

1. 非十进制数转换为十进制数

非十进制数转换成十进制数一般采用的方法是按权相加，这种方法是按照十进制数的运算规则，将非十进制数各位的数码乘以对应的权再累加。

例1 将 $(1101.101)_2$ 转换成十进制数。

解 $(1101.101)_2 = (2^3+2^2+2^0+2^{-1}+2^{-3})_{10}$
$$= (8+4+1+0.5+0.125)_{10}$$
$$= (13.625)_{10}$$

在二进制数到十进制数的转换过程中，要频繁的计算 2 的整次幂。表 B-1 给出了常用的 2 的整次幂和十进制数的对应关系，记住这些值，对今后的学习是十分有益的。

表 B-1　常用的 2 的整次幂和十进制数的对应关系

n	-4	-3	-2	-1	0	1	2	3	4	5	6	7	8	9	10
2^n	0.062 5	0.125	0.25	0.5	1	2	4	8	16	32	64	128	256	512	1 024

2. 十进制数与非十进制数的转换

将十进制数转换成非十进制数时，整数部分的转换一般采用除基取余法，小数部分的转换一般采用乘基取整法。

（1）十进制整数转换成非十进制整数

例2 将 $(41)_{10}$ 转换成二进制数。

解　$41/2 = 20$　　　余数为 $1, A_0 = 1$
　　　$20/2 = 10$　　　余数为 $0, A_1 = 0$
　　　$10/2 = 5$　　　余数为 $0, A_2 = 0$
　　　$5/2 = 2$　　　余数为 $1, A_3 = 0$
　　　$2/2 = 1$　　　余数为 $0, A_4 = 0$
　　　$1/2 = 0$　　　余数为 $1, A_5 = 1$

所以，$(41)_{10} = (10001)_2$。

（2）十进制小数转换成非十进制小数

例3 将 $(0.625)_{10}$ 转换成二进制数。

解　$0.625 \times 2 = 1 + 0.25$　　　　$A_{-1} = 1$

$$0.25 \times 2 = 0 + 0.5 \qquad A_{-2} = 0$$
$$0.5 \times 2 = 1 + 0 \qquad A_{-3} = 1$$

所以，$(0.625)_{10} = (0.101)_2$。

由于不是所有的十进制小数都能用有限位 R 进制小数来表示，因此，在转换过程中可根据精度要求取一定的位数即可。若要求误差小于 R^{-n}，则转换取小数点后 n 位就能满足要求。

例 4 将 $(0.7)_{10}$ 转换成二进制数，要求误差小于 2^{-6}。

解
$$0.7 \times 2 = 1 + 0.4 \qquad A_{-1} = 1$$
$$0.4 \times 2 = 0 + 0.8 \qquad A_{-2} = 0$$
$$0.8 \times 2 = 1 + 0.6 \qquad A_{-3} = 1$$
$$0.6 \times 2 = 1 + 0.2 \qquad A_{-4} = 1$$
$$0.2 \times 2 = 0 + 0.4 \qquad A_{-5} = 0$$
$$0.4 \times 2 = 0 + 0.8 \qquad A_{-6} = 0$$

所以，$(0.7)_{10} = (0.101100)_2$。

由于最后剩下未转换的部分，即误差在转换过程中扩大了 2^6，所以真正的误差应该是：0.8×2^{-6}，满足精度要求。

3. 非十进制数之间的转换

（1）二进制数和八进制数之间的转换

二进制数的基数是 2，八进制数的基数是 8，有 $2^3 = 8$。因此，任意 1 位八进制数可以转换成 3 位二进制数。当要把一个八进制数转换成二进制数时，可以直接将每位八进制数码转换成 3 位二进制数码。而二进制数到八进制数的转换可按相反的过程进行，转换时，从小数点开始向两边分别将整数和小数每 3 位划分成一组，整数部分的最高一组不够 3 位时，在高位补 0，小数部分的最后一组不足 3 位时，在末位补 0，然后将每组的 3 位二进制数转换成一位八进制数即可。

例 5 将 $(354.72)_8$ 转换成二进制数。

解

3	5	4	.	7	2
↓	↓	↓		↓	↓
011	101	100	.	111	010

所以，$(354.72)_8 = (011101100.111010)_2$。

例 6 将 $(1010110.0101)_2$ 转换成八进制数。

解

001	010	110	.	010	100
↓	↓	↓		↓	↓
1	2	6	.	2	4

所以，$(1010110.0101)_2 = (126.24)_8$。

（2）二进制数和十六进制数之间的转换

二进制数的基数是 2，十六进制数的基数是 16，有 $2^4 = 16$。因此，任意 1 位十六进制数可以转换成 4 位二进制数。当要把一个十六进制数转换成二进制数时，可以直接将每位十六进制数码转换成 4 位二进制数码。对二进制数到十六进制数的转换可按相反的过程进行，转换时,从小数点开始向两边分别将整数和小数每 4 位划分成一组,整数部分的最高一组不够 4 位时,在高位补 0,小数部分的最后一组不足 4 位时,在末位补 0,然后将每组的 4 位二进制数转换成一位十六进制数即可。

例 7 将 $(8E.3A)_{16}$ 转换成二进制数。

解
8	E	.	3	A
↓	↓		↓	↓
1000	1110	.	0011	1010

所以,$(8E.3A)_{16} = (10001110.00111010)_2$。

例 8 将 $(1011111.101101)_2$ 转换成十六进制数。

解
0101	1111	.	1011	0100
↓	↓		↓	↓
5	F	.	B	4

所以,$(1011111.101101)_2 = (5F.B4)_{16}$

(3)八进制数和十六进制数之间的转换

八进制数和十六进制数之间的转换,直接进行比较困难,可用二进制数作为转换中介,即先转换成二进制数,再进行转换就比较容易了。

例 9 将 $(345.27)_8$ 转换成十六进制数

解
3	4	5.	2	7	
↓	↓	↓	↓	↓	
011	100	101.	010	111	先转换成二进制数
1110	0101	. 0101	1100		重新分组
↓	↓	↓	↓		
E	5.	5	C		转换成十六进制数

所以,$(345.27)_8 = (E5.5C)_{16}$

例 10 将 $(2B.A6)_{16}$ 转换成八进制数

解
2	B	.	A	6	
↓	↓		↓	↓	
0010	1011	.	1010	0110	先转换成二进制数
101	011	. 101	001	100	重新分组
↓	↓	↓	↓	↓	
5	3	. 5	1	4	转换成八进制数

所以,$(2B.A6)_{16} = (53.514)_8$

三、编码

用一定位数的二进制数来表示十进制数、字母或符号等称为编码。在数字系统中,用多位二进制数码来表示数量的大小,也可表示各种文字、符号等,这样得的多位二进制数码即编码。为了方便记忆和处理,在编码时需遵循一定的规则,这些规则称为码制。数字电路通常用二进制数表示一位十进制数,这种用于表示十进制数的二进制数的二进制代码称为二—

十进制代码,简称 BCD 码。

二-十进制码(BCD 码)简介:

二-十进制码是用四位二进制码表示一位十进制数的代码,简称为 BCD 码。这种编码的方法很多,但常用的是 8421 码和余 3 码等。

(1)8421 码

8421 码是最常用的一种十进制数编码,它是用四位二进制数 0000 到 1001 来表示一位十进制数,每一位都有固定的权。从左到右,各位的权依次为:2^3、2^2、2^1、2^0,即 8、4、2、1。可以看出,8421 码对十进数的十个数字符号的编码表示和二进制数中表示的方法完全一样,但不允许出现 1010 到 1111 这六种编码,因为没有相应的十进制数字符号和其对应。表 B-2 中给出了 8421 码和十进制数之间的对应关系。

表 B-2　十进制数和 8421 码之间的对应关系

十进制数	8421 码	十进制数	8421 码
0	0000	5	0101
1	0001	6	0110
2	0010	7	0111
3	0011	8	1000
4	0100	9	1001

8421 码具有编码简单、直观、表示容易等特点,尤其是和 ASCII 码之间的转换十分方便,只需将表示数字的 ASCII 码的高几位去掉,便可得到 8421 码。两个 8421 码还可直接进行加法运算,如果对应位的和小于 10,结果还是正确的 8421 码;如果对应位的和大于 9,可以加上 6 校正,仍能得到正确的 8421 码。

例 11　将十进制数 1987.35 转换成 BCD 码。

解　$1987.35 = (0001\ 1001\ 1000\ 0111.0011\ 0101)_{BCD}$

(2)余 3 码

余 3 码也是用四位二进制数表示一位十进制数,但对于同样的十进制数字,其表示比 8421 码多 0011,所以叫余 3 码。它是一种无权码。余 3 码用 0011~1100 这十种编码表示十进制数的十个数字符号,和十进制数之间的对应关系如表 B-3 所示。

表 B-3　十进制数和余 3 码之间的对应关系

十进制数	余 3 码	十进制数	余 3 码
0	0011	5	1000
1	0100	6	1001
2	0101	7	1010
3	0110	8	1011
4	0111	9	1100

余 3 码表示不像 8421 码那样直观,各位也没有固定的权。但余 3 码是一种对 9 的自补码,即将一个余 3 码按位变反,可得到其对 9 的补码,这在某些场合是十分有用的。两个余 3

码也可直接进行加法运算,如果对应位的和小于10,结果减3校正,如果对应位的和大于9,可以加上3校正,最后结果仍是正确的余3码。

（3）格雷码

格雷码也叫循环码,是按照"相邻性"编码的,即相邻两码之间只有一位数字不同。它也是一种无权码。

其他的如5421码和2421码都是无权码,与8421码类似,这里就不多讲了。

（4）ASCII码

ASCII码是美国国家信息交换标准代码(American National Standard Code for Information Interchange)的简称,如图B-4所示,是当前计算机中使用最广泛的一种字符编码,主要用来为英文字符编码。当用户将包含英文字符的源程序、数据文件、字符文件从键盘上输入到计算机中时,计算机接收并存储的就是ASCII码。计算机将处理结果送给打印机和显示器时,除汉字以外的字符一般也是用ASCII码表示的。

表B-4所示为标准ASCII码字符表,标准ASCII码字符表包含52个大、小写英文字母,10个十进制数字字符,32个标点符号、运算符号、特殊号,还有34个不可显示打印的控制字符编码,一共是128个编码,正好可以用7位二进制数进行编码。也有的计算机系统使用由8位二进制数编码的扩展ASCII码,其前128个是标准的ASCII码字符编码,后128个是扩充的字符编码。

表 B-4　标准 ASCII 码字符表

低位＼高位	000	001	010	011	100	101	110	111
0000	NUL	DLE	SP	0	@	P	`	p
0001	SOH	DC1	!	1	A	Q	a	q
0010	STX	DC2	"	2	B	R	b	r
0011	ETX	DC3	#	3	C	S	c	s
0100	EOT	DC4	S	4	D	T	d	t
0101	ENQ	NAK	%	5	E	U	e	u
0110	ACK	SYN	&	6	F	V	f	v
0111	BEL	ETB	'	7	G	W	g	w
1000	BS	CAN	(	8	H	X	h	x
1001	HT	EM	)	9	I	Y	i	y
1010	LF	SUB	*	:	J	Z	j	z
1011	VT	ESC	+	;	K	[	k	{
1100	FF	PS	,	<	L	\	l		
1101	CR	GS	−	=	M	]	m	}
1110	SO	RS	>		n	^	n	~
1111	SI	US	/	?	O	_	o	DEL

附录

Proteus中常用元器件符号表

Proteus 中常用元器件符号及名称如表 C-1 所示。

表 C-1　Proteus 中常用元器件符号及名称

元器件符号	元器件名称
7SEG-MPX4-CC	四位共阴极 7 段数码管显示管
7SEG-MPX8-CC	八位共阴极 7 段数码管显示管
7SEG-MPX4-CA	四位共阳极 7 段数码管显示管
7SEG-MPX8-CA	八位共阳极 7 段数码管显示管
LAMP	灯泡
LED	发光二极管
LED-BI?	双色
OPTOCOUPLER?	光电隔离
TORCH-LDR	光敏传感器
HCNR200	高速线性逻辑光耦
TRAFFIC	交通灯
POWER	电源
Resistor 各种电阻器	
POT	三引线可变电阻器
RESISTOR	电阻器
RX8	排阻(无公共端)
CCR	电流控线型电阻
POT-HG	三引线高精度可变电阻器
RES	电阻器
RESPACK-?	排阻(有公共端)
VARISTOR	变阻器
Capacitors 电容器集合	
CAP	电容器
CAP-POL	有极性电容器

元器件符号	元器件名称
CAP-PRE	可预置电容器
Cap-ELEC	电解电容器
CAP-VAR	可调电容器
INDUCTORS 电感器	
INDUCTOR	电感器
INDUCTOR IRON	带铁芯的电感器
DIODE 二极管	
DIODE	VARACTOR
GBPC800	整流桥堆
DIODE	SCHOTTKY
ZENER?	齐纳二极管
DF005M	整流桥堆
Switches 和 Relays 开关、继电器、键盘	
SW-?	开关
SWITCH	按钮
GQ5-?	直流继电器
BUTTON	按键
KEYPAD	矩阵按键
Switching Devices 晶闸管	
TRIAC?	三段三向晶闸管
Transistors 晶体管(晶体管、场效应晶体管)	
JFETNN	沟通场效应晶体管
NPN	NPN 晶体管
NPN DAR	NPN 晶体管
SCR	晶闸管
JFETPP	沟通场效应晶体管
PNP	PNP 晶体管
PNP-DAR	PNP 晶体管
MOSFET	MOS 管
Analog Ics 模拟电路集成芯片	
OPAMP	运放
Electromechanical 电动机	
MOTOR	AC
MOTOR	SERVO
MOTOR	电动机

元器件符号	元器件名称
MOTORDC	直流电动机
MOTOR-STEPPER	步进电动机
ALTERNATOR	交流发电机
TTL 74 Series	
74LS00	与非门
74LS08	与门
74LS04	非门
74LS390	TTL
Connector 排座、排插	
SOCKET?	插座
CONN	插口
Simulator Primitives 常用的器件	
AND	与门
NAND	与非门
NOT	非门
BATTERY	直流电源
SOURCE	VOLTAGE
AMMETER	安培计
BUS	总线
NOR	或非门
TRIODE?	三级真空管
SOURCE	CURRENT
SHT?	温湿度传感器
VOLTMETER	伏特计
Memory ICS	
AT24C02	
Microprocessor ICS	
MEGA16	
MSP430	
AT89C51	
Miscellaneous 各种器件	
AERIAL	天线
CELL	电池
FUSE	熔丝
GROUND	地

元器件符号	元器件名称
BUZZER	蜂鸣器
SOUNDER	扬声器(数字)
METER	仪表
BATTER	电池/电池组
POWER	电源
CRYSTAL	晶振
SPEAKER	扬声器(模拟)
Debugging Tools 调试工具	
LOGIC ANALYSER	逻辑分析仪
COUNTER TIMER	计数器
I2C DEBUGGER	I^2C 协议调试器
SIGNAL GENERATOR	信号发生器
OSCILLOSCOPE	示波器
SPI DEBUGGER	SPI 协议调试器
VIRTUAL TERMINAL	虚拟终端
PROTEUS 原理图元器件库详细说明	
Device.lib	包括电阻器、电容器、二极管、晶体管和 PCB 的连接器符号
ACTIVE.LIB	包括虚拟仪器和有源器件
DIODE.LIB	包括二极管和整流桥
BIPOLAR.LIB	包括晶体管
FET.LIB	包括场效应晶体管
ASIMMDLS.LIB	包括模拟元器件
VALVES.LIB	包括电子管
ANALOG.LIB	包括电源调节器、运放和数据采样 IC
CAPACITORS.LIB	包括电容
COMS.LIB	包括 400 系列
ECL.LIB	包括 ECL10000 系列
OPAMP.LIB	包括运算放大器
MICRO.LIB	包括通用微处理器
RESISTORS.LIB	包括电阻器
FAIRCHILD.LIB	包括 FAIRCHILD 半导体公司的分立器件
LINTEC.LIB	包括 LINTEC 公司的运算放大器
NATDAC.LIB	包括国家半导体公司的运算放大器
TECOOR.LIB	包括 TECOOR 公司的 SCR 和 TRIAC
TEXOAC.LIB	包括得州仪器公司的运算放大器和比较器
ZETEX.LIB	包括 ZETEX 公司的分立器件

附录 C Proteus 中常用元器件符号表

参 考 文 献

[1] 张志良.单片机原理与控制技术[M].北京:机械工业出版社:2008.

[2] 黄锡泉,何用辉.单片机技术及应用(基于 Proteus 的汇编和 C 语言版)[M].北京:机械工业出版社:2015.

[3] 瓮嘉民,周成虎,杜大军,等.单片机典型系统设计与制作实例解析[M].北京:电子工业出版社:2014.

[4] 庄乾成,杜豫平,张伟,等.单片机应用技术[M].上海:上海交通大学出版社,2014.

[5] 戴佳,戴卫恒,刘博文.51 单片机 C 语言应用程序设计实例精讲[M].2 版.北京:电子工业出版社,2008.

[6] 周润景,徐宏伟,丁莉.单片机电路设计、分析与制作[M].北京:机械工业出版社,2010.

[7] 张靖武,周灵彬.单片机原理、应用与 Proteus 仿真.北京:电子工业出版社,2008.

[8] 王东锋,陈园园,郭向阳.单片机 C 语言应用 100 例[M].北京:电子工业出版社,2013.

[9] 张毅刚.单片机原理与应用设计(C51 编程+Proteus 仿真)[M].北京:机械工业出版社,2015.

[10] 张晓芳,刘瑞涛.C51 单片机系统设计与应用简明教程[M].北京:化学工业出版社,2015.